JN233569

天敵利用で農薬半減

作物別防除の実際

根本 久 編著

農文協

天敵利用で農薬半減!!
畑や樹園地で活用できる主な天敵

● テントウムシ類＝アブラムシ類などの天敵

アブラムシを探索しているナミテントウ幼虫（左）とナナホシテントウ成虫（右）：両種とも成虫，幼虫ともにアブラムシを捕食し，1日10〜30頭捕食するといわれている（写真：根本久）

コクロヒメテントウ

ナシアブラムシを捕食する幼虫
（写真：根本久）

ハダニを捕食中の成虫
（写真：根本久）

● ヒメハナカメムシ類＝アザミウマ類やアブラムシ類，ハダニ類などの天敵

ミナミキイロアザミウマを捕食するタイリクヒメハナカメムシ5齢幼虫（左）とワタアブラムシを捕食する成虫（右）：コナジラミ類やヨトウムシ類をも捕食する．仲間のナミヒメハナカメムシも同様に害虫を捕食する（写真：高井幹夫）

ミナミキイロアザミウマを捕食するナミヒメハナカメムシ
（写真：永井一哉）

●アブラバチ類＝アブラムシ類の天敵

モモアカアブラムシとダイコンアブラバチに寄生されてできたマミー：黄金色のマミーの中にはダイコンアブラバチの繭がある（写真：根本久）

アブラムシを探索しているコレマンアブラバチ成虫：アブラムシの体内に卵を1個産み，ふ化した幼虫はアブラムシを食べて成長する
（写真：山下泉）

●ヤマトクサカゲロウ＝アブラムシ類やハダニ類，アザミウマ類などの天敵

アブラムシを捕食している幼虫（右　写真：倉持正実）と成虫（左　写真：根本久）：幼虫が体液を吸汁捕食する。成虫は捕食しない

●ヒラタアブ類＝アブラムシ類，コナガなどの天敵

アブラムシを捕食中の幼虫（右　写真：伊澤宏毅）とコナガを捕食中の幼虫（右下　写真：根本久）：ヒラタアブには多くの種類があり，幼虫も変化に富んでいる

●ショクガタマバエ＝アブラムシ類の天敵

アブラムシを捕食中の幼虫：成虫は捕食しないが，夜間活動しアブラムシのコロニーを探して産卵する
（写真：岐阜農技研）

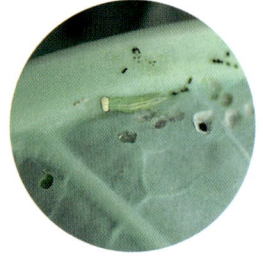

●チリカブリダニ＝ハダニ類の天敵 ### ●ククメリスカブリダニ＝アザミウマ類の天敵

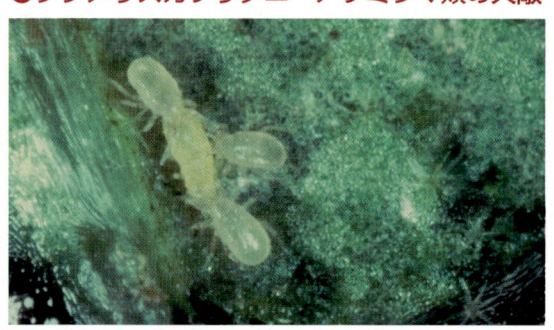

ナミハダニ，カンザワハダニなどハダニ類だけをエサにしている（写真：宮田将秀）

アザミウマの幼虫を3頭が捕食している（写真：足立年一）

●イサエアヒメコバチ＝ハモグリバエの天敵

寄主を探索中の成虫（左）と寄生されたマメハモグリバエ幼虫（右）：寄生され死亡したマメハモグリバエ幼虫は黒色になるので肉眼で区別できる（写真：小澤朗人）

●オンシツツヤコバチ＝コナジラミ類の天敵

成虫と繭（黒色マミー）：成虫はコナジラミ幼虫に産卵するとともに吸汁もする。ふ化したツヤコバチ幼虫がコナジラミ幼虫をエサに成長する（写真：林英明）

●サムライコマユバチ類＝コナガなどチョウ目害虫の天敵 （写真：根本久）

産卵の機会をねらっているコナガサムライコマユバチ成虫（左）とコナガから脱出してつくった繭（中）。右はモンシロチョウ幼虫から脱出して繭をつくるアオムシサムライコマユバチの幼虫

●クモ類はコナガなどチョウ目害虫の有力天敵 （写真：根本久）

コナガを捕食中のハエトリグモ

ウズキコモリグモ：全体に黒褐色の中型のクモ

ハナグモ：緑色の中型，カニに似ているクモ。網は張らない

●ハダニアザミウマ＝ハダニ類の天敵

●ゴミムシ類＝チョウ目害虫，アブラムシ類の天敵

●アシナガバチ＝チョウ目害虫の天敵

カンザワハダニを捕食している成虫（写真：伊澤宏毅）

モンシロチョウ幼虫を捕食中の幼虫：クローバーを配置すると増える（写真：根本久）

モンシロチョウ幼虫を捕食中（写真：根本久）

●害虫に寄生する微生物も活かしたい

●ベダリアテントウ＝イセリアカイガラムシの天敵

●チビトビコバチ＝クワシロカイガラムシの天敵

昆虫疫病菌に寄生されたアブラムシ（写真：根本久）

イセリアカイガラムシを捕食中の成虫（写真：多々良明夫）

寄生されたクワシロカイガラムシ雌成虫
（写真：多々良明夫）

まえがき

世界の国々では、各種の生産活動に三つの安全を要求するようになってきた。①生産者の安全、②生産物の安全、③環境の安全である。そして、生産現場ではこうした安全を実現しようと、減農薬への努力や防除の工夫が広く試みられるようになってきた。しかし、生産現場ではこうした安全を実現しながら、生産も安定していくための技術開発はまだ、その緒についたばかりといえよう。一方で、こうした安全を実現しようと、ダイホルタンやプリクトランなどの無登録農薬問題などが契機となり、農薬取締法の一部が改正され、二〇〇三年三月には天敵昆虫類や微生物的防除資材の適用拡大などが行なわれた。

こうしたなかで、天敵を活用した病害虫防除への期待はますます大きくなっている。編者による『天敵利用と害虫管理』（農文協刊）が出版された一九九五年は、ハダニの天敵チリカブリダニとオンシツコナジラミの天敵オンシツツヤコバチが農薬登録され販売できるようになったばかりのころで、購入し使用できる天敵の種類は極端に限られていた。

それから八年たった現在、減農薬はますます求められるようになり、購入できる天敵資材や微生物的防除資材も大幅に増え、天敵やIPMを研究する専門家も大いに増えた。本書では、天敵を活用した防除をしてみたい、あるいは天敵活用は難しいのではと思っている方々の参考にしていただこうと、実際に試験や指導されている新進気鋭の研究者に、これまでの成果をふまえて、具体的に天敵をどう活用して防除するかを執筆していただいた実践的な減農薬防除の手引きである。

本書が、減農薬を目指す方々のお役に立てることを心から願うしだいである。

二〇〇三年三月

根本　久

目　次

まえがき 1

第1章　天敵利用で農薬半減

1　天敵を利用した害虫防除の考え方

(1) 防除から管理へ考え方の転換……12
　① 天敵利用は「総合的害虫管理（IPM）」の柱 12
　② IPMの三つの分野と四つの条件 12
　③ 天敵利用の四つの方法 13

(2) 農薬は天敵に影響がない範囲で使う……14
　① 皆殺しタイプの殺虫剤は使わない 14
　② 作物、天敵によって影響する農薬がちがう 16
　③ 農薬は天敵への影響の程度を知って使おう 17

(3) 耕種的防除法も活用する……18
　① 天敵の働きも促進する耕種的防除 18
　② 天敵の住みかをつくる 18

2　天敵を利用した減農薬防除の二段階

(1) 農薬の半減はだれにもできる……19
　① スケジュール防除で半減できる（1）＝露地ナスの例 19
　② スケジュール防除で半減できる（2）＝露地葉菜類の場合 19
　③ 重要天敵に害のない農薬の利用がポイント 20

(2) 予察をプラスすれば三分の一に減る……20
　① 天敵が利用しやすい作物としにくい作物 21

(3)
　① 選択性殺虫剤の有無 21
　② 栽培期間の長短 21
　③ 害虫の許容度の大小 22

第2章　天敵利用による防除の基本

1　天敵の種類と利用のポイント

(1) 露地栽培の基本は土着天敵の利用……24

2

① リサージェンスで土着天敵を認識 24
② 土着天敵の四つのタイプと特徴 24
(2) 天敵資材の利用 25
　① 生物的防除資材と天敵資材 25
　② 天敵資材の種類と対象害虫 26
　③ 天敵資材は温度、湿度を検討して利用する
　　○活動適温は二〇～二五℃が多い 27
　　○適当な湿度 27
　　○トマト、キュウリ、イチゴでは工夫が必要
　　○ムリに天敵資材を使わない選択も 28
　④ 放飼の方法 30
(3) 天敵利用での農薬の使い方 30
　① 選択性殺虫剤、残効性の短いもの、粒剤などを選ぶ 31
　② 施設栽培での農薬の選択 31
　③ 露地栽培での農薬の選択 34
　④ 天敵に害の少ない粒剤の定植時処理 34
　⑤ 天敵活動中はスポット処理も有効 35
(4) バンカープランツによる増殖、保護 37
　① バンカープランツとは 37
　② 土着天敵を増やす環境づくり 38
　③ 施設でのバンカープランツの利用 39
　④ エサ付き天敵資材の利用 40

2 害虫の発生と天敵放飼のタイミングを知る手法 41
(1) 施設での天敵放飼時期や害虫の調査方法 41
　① 作業時に目印を付ける 41
　② 有色粘着トラップの利用 41
　③ 微小害虫はセロテープなどを利用 42
(2) 殺虫剤散布を判断するための害虫密度調査法 43

3 天敵以外の害虫抑制、防除法の活用 44
(1) 害虫を増やさない工夫 44
　① 施設で害虫を増やさない工夫——軟弱野菜を例に—— 44
　　○害虫が発生しにくい環境をつくる 44
　　○害虫が侵入しにくい施設構造 44
　　○害虫の発生源を少なくする 45
　　○ハウスは一作分の大きさにする 45
　　○連作では害虫の密度を下げる工夫が必要 45
　　○薬剤で防除しにくい害虫にはこんな工夫を 45

② 露地で害虫を増やさない工夫 46
○耕種的方法の工夫が大切 46
○コンパニオンプランツの利用 46

(2) 交信かく乱剤利用 46
○交信かく乱剤利用 47
①交信かく乱剤利用による防除の仕組み 47
②交信かく乱剤の種類と対象害虫 48
③交信かく乱剤の効果的な使い方 49

(3) 耕種・物理的防除法 51
①抵抗性台木や抵抗品種の利用 51
②物理的防除法の利用 51
○防虫ネットの利用 51
○黄色蛍光灯 52
○銀色マルチ 52
○紫外線除去フィルム 52

4 天敵利用と生産物の販売 ……… 53
(1) 天敵利用をアピールして有利販売を…… 53
(2) 防除経費はどこまでかけられるか…… 53
①防除経費の計算 54
②契約栽培など販売価格が安定している場合の判断 54
③市場出荷など販売価格が変動する場合の判断 55

第3章 作物別天敵利用防除の実際

【露地栽培】

〈雨よけ栽培トマト〉…… 58

(1) 対象害虫・主要天敵と防除のポイント…… 58
①対象害虫と天敵利用のポイント 58
②主要天敵と見分け方 58
③天敵利用の条件 59
④使える農薬と使用上の注意点 59

(2) 天敵を利用した防除の実際…… 60
①生育ステージと防除体系 60
②オンシツコナジラミの防除 61
③マメ（トマト）ハモグリバエの防除 62
④その他の害虫の防除 63

(3) もっと農薬を減らせる予察防除方法…… 63
①粘着板トラップなどによるモニタリング 63
②指標植物の利用 63

(4) 土着天敵やコンパニオンプランツの利用…… 63
①土着天敵を増やす工夫 63

②トマトに適したコンパニオンプランツと利用法 …… 64

(5) 天敵を活かす病害防除の注意 …… 64
　①主な殺菌剤と天敵への影響、使い方の注意 …… 64
　②天敵に害のない防除のポイント …… 64

(6) 天敵利用と農薬防除の労力と経費の比較 …… 64

〈ナス〉

(1) 対象害虫・主要天敵と防除のポイント …… 65
(2) 使える農薬と使用上の注意点 …… 66
(3) 土着天敵を利用した防除の実際 …… 66
　①定植前の防除 …… 66
　②定植時の防除 …… 67
　③定植後の防除 …… 68
(4) 土着天敵を増やす工夫 …… 68

〈キャベツ〉

(1) 対象害虫・主要天敵と防除のポイント …… 70
　①キャベツで問題になる害虫 …… 70
　②主な天敵と防除のポイント …… 70
(2) 防除の実際 …… 71
　①防除の手順と農薬の選択 …… 71
　②病害対策と殺菌剤の天敵への影響 …… 71
　③交信かく乱剤利用での防除方法 …… 74
(3) 土着天敵が少ない場合の対策 …… 74
　①クローバーで土着天敵を増やす …… 74
　②コナガ抵抗性品種の利用 …… 74

〈ブロッコリー〉

(1) 対象害虫・主要天敵と防除のポイント …… 76
　①ブロッコリーで問題になる害虫 …… 76
　②防除のポイントと主な天敵 …… 76
(2) 使える農薬と使用上の注意点 …… 77
　①重要天敵クモ類に害のない農薬を選ぶ …… 77
　②アブラムシには定植時の粒剤が効果的 …… 77
(3) 防除の実際 …… 79
　①防除の手順と耕種的対策 …… 79
　②土着天敵を増やす手立て …… 79
　③病害対策と天敵への薬剤の影響 …… 79

〈ハクサイ〉

(1) 対象害虫と土着天敵 …… 80

5　目次

〈レタス〉

(1) 対象害虫と土着天敵……86

(2) 土着天敵に影響の少ない防除剤と特徴……86
　① オオタバコガの交信かく乱剤の活用……87
　② アブラムシ類とナモグリバエの防除も重要……88

(3) 交信かく乱剤を利用した防除の実際……89
　① 交信かく乱剤は七月上旬に……89
　② 定植時の粒剤処理……89

(4) 交信かく乱剤が利用できない場合の防除の実際……84

(5) 発生予察で効果的な防除を……84

(6) もっと土着天敵の活用を……86

〈レタス〉

(1) 対象害虫と土着天敵……86

(2) 土着天敵に影響の少ない防除剤と特徴……86
　① オオタバコガの交信かく乱剤の活用……87
　② アブラムシ類とナモグリバエの防除も重要……88

(3) 交信かく乱剤を利用した防除の実際……89
　① 交信かく乱剤は七月上旬に……89
　② 定植時の粒剤処理……89

――――

(2) 土着天敵に影響の少ない防除剤と特徴……80
　① コナガへの交信かく乱剤の活用……80
　② 育苗期や定植時の粒剤処理

(3) 交信かく乱剤を利用した防除の実際……81
　① 交信かく乱剤は早い作型にあわせる
　② 定植時の粒剤は三～四週間の効果……82
　③ その後は選択性殺虫剤で……83
　④ アブラムシは発生を見極めて防除……83

(4) 交信かく乱剤が利用できない場合の防除の実際……84

(5) 発生予察で効果的な防除を……84

(6) もっと土着天敵の活用を……86

〈ネ　ギ〉

(1) 対象害虫・主要天敵と防除のポイント……92
　① 地上部ではチョウ目害虫が問題……92
　② 地下部を加害する害虫……93

(2) 交信かく乱剤の利用……93

(3) 使える農薬と使用上の注意点……93

(4) 交信かく乱剤が利用できない場合の防除の実際……

(5) オオタバコガ発生予察の工夫……92
　③ 食入前のオオタバコガ防除……89

【施設栽培】

〈トマト〉

(1) 対象害虫・主要天敵と防除のポイント……97
　① 対象害虫と天敵利用のポイント……97
　② 天敵利用の条件……97

(2) 交信かく乱剤の利用

(3) 病害対策と薬剤の天敵への影響……96

(4) 土着天敵を増やす工夫……96
　① 土着天敵を利用した防除の実際……95
　② 交信かく乱剤の利用
　③ 病害対策と薬剤の天敵への影響……96

6

① タイリクヒメハナカメムシによるアザミウマ類の防除 …… 106
② コレマンアブラバチによるアブラムシ類の防除 …… 107
③ マイネックスによるハモグリバエ類の防除 …… 108
④ その他主要害虫の発生と防除対策 …… 109
(4) 土着天敵の有効活用 …… 110
(5) 天敵を活かす病害防除の注意 …… 111

〈ピーマン〉 …… 111

(1) 対象害虫・主要天敵と防除のポイント …… 111
(2) 使える農薬と使用上の注意点 …… 113
(3) 生育ステージと防除体系 …… 113
(4) 天敵を利用した防除の実際 …… 113
  ① 主なアザミウマ類の防除 …… 114
  ② アブラムシ類の防除 …… 115
  ③ その他の害虫の防除 …… 117
(5) 土着天敵を増やす工夫 …… 117
(6) 天敵を活かす栽培管理の注意点 …… 118
(7) 天敵を活かす病害防除 …… 118

(2) 使える農薬と使用上の注意 …… 98
(3) 天敵を利用した防除の実際 …… 99
  ① 生育ステージと防除体系 …… 99
  ② オンシツコナジラミの防除 …… 99
  ③ マメ（トマト）ハモグリバエの防除 …… 100
  ④ その他の害虫の防除 …… 101
  ⑤ 農薬による追加防除の判断 …… 101
(4) もっと農薬を減らせる予察防除方法 …… 102
  ① 粘着板トラップなどによるモニタリング …… 102
  ② 指標植物の利用 …… 102
(5) 土着天敵やコンパニオンプランツの利用 …… 102
(6) 天敵を活かす病害防除の注意 …… 102
  ① 主な殺菌剤と天敵への影響、使い方の注意 …… 102
  ② 天敵に害のない防除のポイント …… 103
(7) 天敵利用と農薬防除の労力と経費の比較 …… 103

〈ナ　ス〉

(1) 対象害虫・主要天敵と防除のポイント …… 104
(2) 使える農薬と使用上の注意点 …… 104
(3) 天敵を利用した防除の実際 …… 104

7　目次

〈イチゴ〉………119

(1) イチゴで問題になる主な害虫………119

(2) 天敵を活かす防除のポイント………119
　① 育苗と定植時の予防の徹底………119
　② 保温開始までに防除を徹底………120
　③ 開口部からの侵入を防ぐ………120

(3) イチゴで利用できる天敵資材………120
　① 利用できる天敵資材は限定される………120
　② ククメリスカブリダニ………121
　③ チリカブリダニ………121
　④ コレマンアブラバチ………122

(4) 天敵利用に使える薬剤………123

(5) 天敵を利用した防除の実際………123
　① 定植時の粒剤の植え穴処理………123
　② 定植からビニール被覆直後の防除………124
　③ ビニール被覆後の天敵利用と防除………125

〈ブドウ〉………126

(1) 対象害虫・天敵・フェロモンと防除のポイント………126
　① 対象害虫とその特徴………126
　② 天敵とフェロモン利用のポイント………126
　③ この防除法選択の条件………126

(2) 使える農薬と使用上の注意………128

(3) 天敵・フェロモンを利用した防除の実際………130
　① 生育ステージと防除体系………130
　② チリカブリダニの放飼………130
　③ 十二～三月は交信かく乱剤の効果が高い………130
　④ チャノキイロアザミウマの防除は予察で判断………131

(4) 天敵利用と農薬防除の労力と経費の比較………131
　⑤ 天敵を活かす病害防除の注意………131
　① コストはかかるが省力、高品質………132
　② 無農薬栽培も可能………132

〈オウトウ〉………133

(1) 対象害虫と天敵導入の条件………133
　① 対象害虫………133
　② 天敵の導入条件………133

(2) 天敵を利用した防除の実際………134
　① チリカブリダニ利用のタイミング………134
　② 放飼の方法………135
　③ 効果の判断は二～三週間後に………135

8

【樹園地】

〈カンキツ〉

(1) 対象害虫・主要天敵と防除のポイント
　① 対象害虫と天敵利用のポイント……138
　② 主要天敵と見分け方……139
　③ 天敵利用の条件……139

(2) 天敵を利用した防除の実際
　① 生育ステージと防除体系……141
　② 害虫の発生と追加農薬防除の判断・方法……141
　③ 土着天敵を増やす工夫……142
　④ 使える農薬と使用上の注意……145

(3) 天敵を活かす病害防除の注意……145

(4) 天敵利用と農薬防除の労力・経費の比較……146

(5) 天敵利用と農薬防除の労力・経費の比較……146

　③ 他の害虫や病害の防除……136
　④ 追加防除の判断……136

〈リンゴ〉

(1) リンゴの主要害虫と交信かく乱剤
　① 主要害虫と防除の課題……147

(2) 交信かく乱剤と対象害虫
　① 交信かく乱剤を利用した防除の実際……147
　② 交信かく乱剤の処理方法……148

(3) 防除の判断と防除体系
　① 重要な補完防除時期の把握……149

(4) 土着天敵回復の実態……149
　③ コストもかからない……152

〈ナ　シ〉

(1) 複合交信かく乱剤と防除対象害虫……153
(2) 複合交信かく乱剤使用上の留意点……153
(3) 殺虫剤削減による土着天敵の保護……154
　① アブラムシ類の天敵……154
　② ハダニ類の天敵……154
　③ カイガラムシ類の天敵……155

(4) 天敵類を活かした防除体系の組み立て……156

(5) 防除の実際……156
　① 防除体系……156
　② マイナー害虫の発生と対策……157
　③ カメムシ対策……158

(6) 防除コスト……159

〈モモ〉

(7) 要防除水準で防除の判断……159

(1) モモの主要害虫と複合交信かく乱剤……160

(2) 複合交信かく乱剤の利用と殺虫剤削減……160
　① 複合交信かく乱剤利用の条件……160
　② 殺虫剤は半減できる……160

(3) 殺虫剤削減によって保護される天敵……161
　① アブラムシ類の天敵……161
　② カイガラムシ類の天敵……162
　③ ハダニ類の天敵……163

(4) 天敵を利用した防除の実際……163
　① 防除体系……163
　② 殺虫剤の削減……163
　③ 害虫の発生と追加農薬防除判断方法……163
　④ 殺菌剤の削減……165

(5) 土着天敵を増やす工夫……166

(6) 天敵利用と農薬防除の労力と経費の比較……166

〈チャ〉

(1) 対象害虫・主要天敵と防除のポイント……167
　① 対象害虫と天敵利用のポイント……168
　② 主要天敵と見分け方……170

(2) この防除法選択の条件……170

(3) 使える農薬と使用上の注意……170
　① 生育ステージと防除体系……170
　② 害虫の発生と追加防除の判断・方法……173

(4) 土着天敵を増やす工夫……174

(5) 天敵を活かす病害防除の注意……174

(6) 天敵利用と農薬防除の労力・経費の比較……175

付録1　殺虫性生物的防除資材の適用表……176
付録2　主な生物的防除資材と花粉媒介昆虫への薬剤の影響程度と期間の目安……178
付録3　野菜などに登録のある微生物的防除資材などの適用表……186
付録4　果樹とチャに登録のある微生物的防除資材などの適用表……188
付録5　コンパニオンプランツ（共栄植物）の例……189
付録6　花・植え木対象の生物的防除資材適用表……190
付録7　病害対象の微生物的防除資材……192

用語解説　巻末から

10

第1章 天敵利用で農薬半減

1 天敵を利用した害虫防除の考え方

(1) 防除から管理へ考え方の転換

① 天敵利用は「総合的害虫管理（IPM）」の柱

天敵利用だけで害虫を防除しようとするのはかなりむずかしい。天敵の働きを期待しにくい作物があり、また、害虫は複数発生するが、個々の天敵が制御できる害虫は限定されているからである。そのため、防除のシステム化が求められていて、「総合的有害生物管理」（IPM：Integrated Pest Management）のシステムは、天敵利用の重要な柱になっている。

IPMは、害虫を対象にする場合は、「総合的害虫管理」と訳す。FAOは「あらゆる適切な技術を相互に矛盾しない形で使用し、経済的被害を生じるレベル以下に個体群を減少させ、かつその低いレベルに維持するための害虫管理システムである」と定義した（中筋、一九九七）。しかし、この定義は、具体的なところが見えてこない。IPMの大きな目標は、経済的で環境や人体への影響がより少ない方法で有害生物を防除することである。

IPMは、（A）病害虫および雑草の発生を予防するシステム、（B）観察し意志決定するシステム、（C）直接的な防除法の三つの部分からなる。IPMを実施するうえで求められる条件として、この三つの分野と同時に、（A）地域的に適合している、（B）コストと利益のバランスが適当である、（C）環境保全の面で問題がない、（D）社会的に受容される、の四点が上げられている（図1—1、表1—1、図1—2）。

しかし日本では、三つの部分からな

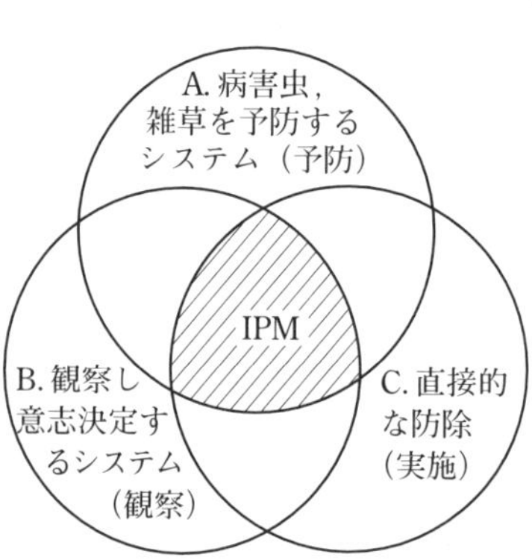

② IPMの三つの分野と四つの条件

図1—1　IPMを構成する3つの分野

表1—1 総合的有害生物管理（IPM）を構成する3つの分野の基本要素　　　（GCPF, 1996を改変）

```
1 予防（間接的方法）
  ① 地域性（適地適作）
  ② 輪作
  ③ 抵抗性品種の利用
  ④ 天敵や拮抗微生物が働きやすい環境づくり
    ・非選択性殺虫剤（天敵に悪影響を及ぼす殺虫剤）の使用
    ・天敵の生息環境管理
  ⑤ 耕種法
    ・作物管理と環境衛生
    ・害虫誘引作物*
    ・干渉作物*
  ⑥ 肥培管理
  ⑦ 灌水管理
  ⑧ 収穫と保管

2 観察（意志決定手段）
  ① 作物の調査
  ② 判断を支えるシステム
    ・経済的許容水準
    ・予察システム
    ・診断
    ・エキスパート・システム
    ・偵察（スカウティング）
    ・トラップによるモニタリング
  ③ 地域別管理

3 実施（直接的方法）
  ① 物理的防除（マルチや防虫ネットの利用）
  ② フェロモンの利用（複合交信かく乱剤）
  ③ 生物的防除
  ④ 化学的防除
```

＊　まとめてコンパニオンプランツの範疇に入る（巻末付録5参照）

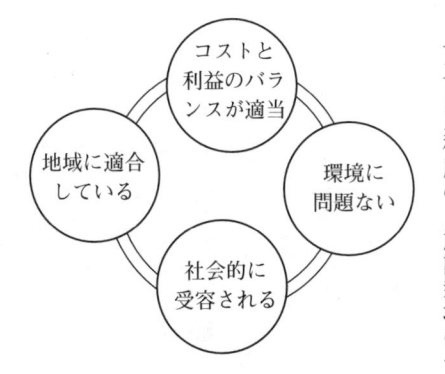

図1—2　IPMに求められる条件

（円の中：コストと利益のバランスが適当／環境に問題ない／社会的に受容される／地域に適合している）

るIPMのシステムは発達しておらず、直接的防除手段を複数組み合わせただけでIPMといっている場合もある。病害虫を発生させない予防のシステムや、防除の要否を知るための手法などが抜けてしまっているし、自分の畑にどれほどの病害虫が発生しているかを調査するシステムは発達していない。今後の大きな課題となっている。

③天敵利用の四つの方法

天敵の利用方法は、①接種永続的利用、②接種栽培期利用、③大量放飼法（これは「生物農薬的利用」とも呼ばれる）、④土着の天敵（土着天敵）が働きやすいように環境条件などを整える（天敵の保護）、の四つに分類される（表1—2）。

《接種永続的利用》　海外から侵入した害虫に対して、害虫の原産地から天敵を導入し永続的に定着させる方法である。日本では表1—3にあげたように果樹類やチャでの成功例がある。

《接種栽培期利用》　栽培期間が六〜一二カ月程度の、施設栽培の一年生

表1—2　天敵利用方法の分類

(van Lenteren, 1993 による分類)

```
1  接種永続的利用法（inoculative release）
   ＝古典的生物的防除（＝永続的利用法）（classical biological control）
2  接種栽培期利用法（seasonal inoculative release）
3  大量放飼法（inundative release）
   ＝生物農薬（biotic insecticide）的利用
4  天敵の保護（conservation of natural enemy）
```

表1—3　日本における接種永続的利用法の成功例

害虫名	対象作物	天敵名・種別	導入源・年
イセリアカイガラムシ	カンキツ	ベダリアテントウ・捕食虫	台　湾・1911年
ルビーロウムシ	カンキツ,カキ,チャ	ルビーアカヤドリコバチ・寄生蜂	九　州・1948年
ミカントゲコナジラミ	カンキツ	シルベストリーコバチ・寄生蜂	中　国・1925年
リンゴワタムシ	リンゴ	ワタムシヤドリコバチ・寄生蜂	アメリカ・1931年
ヤノネカイガラムシ	カンキツ	ヤノネキイロコバチ・寄生蜂	中　国・1980年
	カンキツ	ヤノネツヤコバチ・寄生蜂	中　国・1980年
クリタマバチ	クリ	チュウゴクオナガコバチ・寄生蜂	中　国・1979,1981年

作物で利用されることが多い。比較的少数の天敵を放し、一年生作物の栽培期間中に天敵が数世代経過して働くことを期待する方法である。

この方法で対象にしている害虫は、ハダニやオンシツコナジラミのように年に何世代も世代経過するものである。最近、ハウスのブドウやオウトウなどの、施設栽培果樹にも適用できる技術が開発されている。

〈大量放飼法〉　天敵や微生物を農薬的に使い、その増殖を期待せず放飼世代のみの防除効果を期待する方法である。

〈天敵の保護〉　露地栽培では、もっとも重要な方法である。天敵のエサや寄主となる昆虫、および花粉や蜜の供給源を配置したり、天敵の住みかをつくったり、天敵に悪影響をおよぼすような薬剤の散布をひかえるなどである。

(2) 農薬は天敵に影響がない範囲で使う

① 皆殺しタイプの殺虫剤は使わない

畑には土着天敵がいて、害虫の発生を抑制している。スペクトラムの広い、皆殺しタイプの殺虫剤を散布して土着天敵がいなくなると、たとえばアブラナ科のコナガ（図1—3, 4）やナスのミナミキイロアザミウマ、ハモグリ

農薬が天敵や花粉媒介者などの有用昆虫や動物に与える悪影響は、致死に至る急性毒性と、致死量以下の残留物による行動および生理活性への悪影響に分けられるが、致死量以下でも、天敵の減少となって影響が現われる（図1－7）。

皆殺しタイプの殺虫剤の例を表1－4にあげたが、次項でも述べるように、バエ類の多発生を誘発してしまうな ど、リサージェンス（24ページ参照）が起きる。

天敵を利用した防除をするには、天敵を殺すような皆殺しタイプの農薬を避けて、リサージェンスを起こさなくてすむ選択性殺虫剤や天敵への悪影響が短い殺虫剤を使うことが必要になる。

図1－3 メソミル剤処理によるカリフラワーのコナガのリサージェンス（根本，1985）

メソミル剤により土着天敵がいなくなり，コナガが多発する

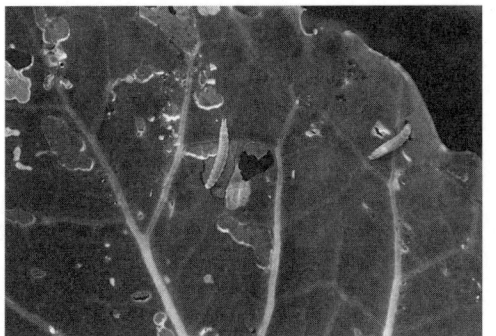

図1－4 リサージェンスで多発しやすいアブラナ科の主要害虫コナガ（幼虫）

図1－6 リサージェンスで多発しやすいナス科の主要害虫マメハモグリバエ（被害と蛹）

図1－5 リサージェンスで多発しやすいナスの主要害虫ミナミキイロアザミウマ（幼虫）

れる作物では、土着天敵の活動を阻害しない選択性殺虫剤を使用して発生する害虫を防除する。露地葉菜類では、キャベツ、ブロッコリー、結球ハクサイ、結球レタスで、選択性殺虫剤の利用によって土着天敵を活用した防除体系が可能である。これらの作物では、チョウ目害虫（ハスモンヨトウやオオタバコガなど）対策に脱皮阻害剤、BT剤などの選択性殺虫剤やネライストキシン剤といったクモなどの天敵への悪影響が短い殺虫剤を利用できる。天敵への悪影響は薬剤の種類で固定しているのではなく、作物、害虫、天敵の組み合わせで変化する。作物が異なると発生する害虫と天敵の種類が異

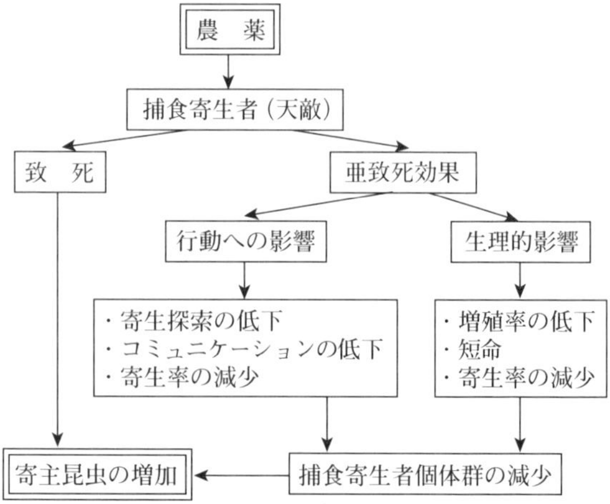

作物により重要な害虫の種類がちがうので、皆殺しタイプの殺虫剤の種類は作物ごとにちがう。

② 作物、天敵によって影響する農薬がちがう

露地栽培で土着天敵の助けを借りら

図1—7　農薬の天敵（捕食寄生者）への影響
(Elzen, 1989を改変)

表1—4　皆殺しタイプの殺虫剤グループと影響の度合いの目安*

薬剤のグループ	寄生性天敵	カブリダニ類	地上徘徊性天敵	葉上徘徊性天敵
合成ピレスロイド剤	×	×	×	×
有機リン剤	×	×	×	×
カーバメート系の散布殺虫剤（アリルメートを除く）	×	×	×	×
ネオニコチル系殺虫剤（一部を除く）	×	◎〜×	◎	○〜×
脱皮阻害剤	◎	◎〜×	◎	△〜×

×：悪影響大きい，△：影響あり，○：やや影響あり，◎：影響少ない
*：影響の度合いの一部は巻末付録2を参照

表1—5 露地作での選択性殺虫剤の天敵への影響の目安

薬剤名 \ 作物	クモ キャベツ	クモ ハクサイ	クモ ブロッコリー	クモ レタス	ヒメハナカメムシ* ナス
アタブロン乳剤	◎	◎	◎		×
アドマイヤー粒剤					△～◎
アファーム乳剤	◎	◎	◎	◎	—
エイカロール乳剤					◎
エビセクト水和剤	○	○			
オンコル粒剤	◎	◎			—
オルトラン粒剤	◎	◎	◎		×
オサダン水和剤					◎
カスケード乳剤	◎	◎	◎		×
コテツフロアブル	◎	◎		◎	○～◎
コロマイト水和剤					◎
除虫菊乳剤	◎	◎			◎
スピノエース水和剤	◎	◎	◎		
ダニトロンフロアブル					
チェス水和剤					
ニッソラン水和剤					
ノーモルト乳剤	◎	◎	◎		×
パダンSG水溶剤	○	○			
ベストガード粒剤	◎	◎			—
ベストガード水溶剤	◎	◎			
バロック水和剤					◎
モスピラン粒剤	◎	◎			◎
モスピラン水溶剤	◎	◎			◎
ラノー乳剤					◎
BT水和剤	◎	◎	◎	◎	◎

*：ヒメハナカメムシは天敵への農薬の影響一覧をもとに作成
—：データなし，■：登録なし，◎：影響なし，○：影響少ない，×：悪影響あり

なるので、選択性殺虫剤の種類も異なる。キャベツ、ハクサイ、ブロッコリー、レタス害虫の重要天敵がクモであるのに対し、ナス害虫の重要天敵はヒメハナカメムシである。したがって、ナスではキャベツなどのようにクモに影響しない殺虫剤でなく、ヒメハナカメムシに悪影響がない殺虫剤を選ぶ必要がある（表1—5）。

③ 農薬は天敵への影響の程度を知って使おう

作物に発生する病気や害虫は、単独で発生するのではなく複数の何種類かの病害虫が発生する。施設栽培で市販の天敵資材を使用しても、それだけでは防除できない病害虫に対しては、農薬で防除しなければならない。しかし、使用した農薬の悪影響で天敵が死んでしまったら、天敵利用は成り立たない。使用する農薬の天敵への影響の程度を知らなければよい結果をえることはできない。

一般に、殺虫剤は天敵資材へ悪影響を与えることが多く、殺菌剤は微生物的防除資材への悪影響を与えることが多い。天敵資材への悪影響が大きい殺虫剤は、露地栽培で活躍する土着天敵への悪影響があることも多い。

図1−9 アブラナ科野菜害虫（コナガ）の有力天敵コモリグモ

図1−8 ナス害虫（スリップス）の有力天敵ヒメハナカメムシ（ナスの葉上）

(3) 耕種的防除法も活用する

① 天敵の働きも促進する耕種的防除

表1−6に、欧米で確立している、露地栽培で病害虫を発生させないための要素を示した。適地適作はもちろんであるが、輪作、作付け様式、耕作と圃場衛生、肥培管理、灌水管理、植生管理、おとり作物（trap crops）、間作（inter-cropping）の利用、といった耕種的方法が列挙されている。植生管理や間作といった、天敵の住みかも用意されている。わが国の防除手段が化学農薬に偏重しているのと好対照である。

こうした、耕種的な方法を組み合わせることによって、害虫を減らすだけでなく、天敵の働きも促進し、化学農薬にたよらない安定した害虫除去が可能になる。

② 天敵の住みかをつくる

土着天敵を温存した防除方法では、畑に天敵がいることが条件になる。これまで農薬を絨毯爆撃のように散布していて、天敵に働いてもらおうと思っても、急に畑に天敵を復活させることはできない。ここでも、天敵が集まり働くシステムつくりが重要になる。そうしたシステムのひとつとし

表1−6 露地栽培で病害虫を予防する要素 （GCPF, 1996を改変）

① 地域性	⑤ 圃場衛生	⑨ おとり作物の利用
② 輪作	⑥ 肥培管理	⑩ 間植
③ 作付け様式	⑦ 灌水管理	⑪ 収穫と保管
④ 抵抗性品種の利用	⑧ 植生管理	

2 天敵を利用した減農薬防除の二段階

て、天敵にエサや隠れ家を提供するようなボランを配置してバンカープランツといい、これらを配置して天敵を呼び寄せる方法がある。また、組み合わせると相性がよい植物どうしをコンパニオンプランツ（共栄植物）というが、害虫を忌避したり、誘引したりするものもあるので、こうした植物を配置することも有効である。バンカープランツのコンパニオンプランツの一部を構成する。

(1) 農薬の半減はだれにもできる

①スケジュール防除で半減できる（1）＝露地ナスの例

天敵を利用した減農薬防除がむずかしいと思っている読者も多いかもしれないが、キャベツ、ブロッコリーやナスなどでは、病害虫発生の予防（間接的防除）と防除資材（直接的な防除）を組み合わせて、農薬の散布回数を半分以下にできる。

まだ不安定ではあるが、天敵への薬剤の影響を最小限にした、土着天敵と選択性殺虫剤を中心にした一種のスケジュール防除である。図1―10にナスの例を示したが、畑ごとの予察は可能な場合は行なうが、これを無視してもできる防除方法である。

②スケジュール防除で半減できる（2）＝露地葉菜類の場合

また、露地葉菜類では、キャベツ、ブロッコリー、結球ハクサイ、結球レタスで土着天敵を活用した防除体系が可能である。

これらの作物では、ハスモンヨトウやオオタバコガなどのチョウ目害虫がクモなどの捕食者が天敵として重要である。ノーモルト、カスケード、マッチ、アタブロンといった脱皮阻害剤、BT剤、ネオニコチノイド、コテツ、スピノエースといった殺虫剤もクモには悪影響がない。ネライストキシン系殺虫剤はクモにかかると死んでしまうが、悪影響期間が短いので、適当な登録薬剤がない場合に、次善の選択肢として採用が可能である。これらのなかから作物に登録がある薬剤を選択する。アブラムシ対策には、モスピランを、

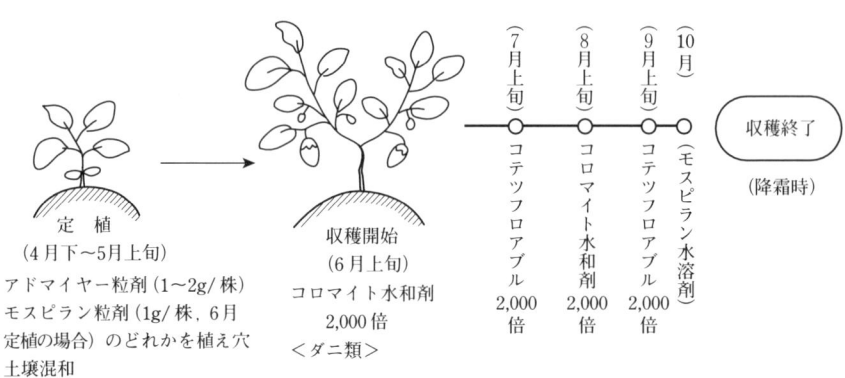

定植
(4月下〜5月上旬)
アドマイヤー粒剤(1〜2g/株)、
モスピラン粒剤(1g/株、6月
定植の場合)のどれかを植え穴
土壌混和
<アブラムシ、ミナミキイロアザミウマ>

収穫開始
(6月上旬)
コロマイト水和剤
2,000倍
<ダニ類>

(7月上旬) コテツフロアブル 2,000倍
(8月上旬) コロマイト水和剤 2,000倍
(9月上旬) コテツフロアブル 2,000倍
(10月) モスピラン水溶剤

収穫終了
(降霜時)

<オオタバコガ、ハスモンヨトウ、ハダニほか>
<ミナミキイロアザミウマは天敵トナカメムシが食べてくれる>

図1-10 露地ナスでの土着天敵を活かして農薬を半減するスケジュール防除の例
10月にアブラムシが発生したらモスピラン水溶剤500倍液散布(この時期は天敵の活躍を期待しない)

ムシが重要な天敵なので、ヒメハナカメムシに悪影響があるネオニコチル系の殺虫剤(散布剤)は使えない。しかし、いずれの場合も、天敵類に長期間悪影響がある合成ピレスロイド剤、有機リン剤やカーバメート剤(アリルメートは除く)などの薬剤の使用は最小限にとどめることが望ましい(表1-5、巻末付録2参照)。

次善の策としてパダンSGなどのネライストキシン剤を選択する。

ヨトウコンSやコナガコンといった交信かく乱用の合成フェロモン製剤を利用して、シロイチモジヨトウ、オオタバコガ、コナガなどの防除も天敵に悪影響がない防除手法として活用できる。

③ 重要天敵に害のない農薬の利用がポイント

前述したように、天敵への悪影響は薬剤の種類で固定しているわけではなく(表1-4参照)、ナスではキャベツの場合とは異なり、ヒメハナカメ

(2) 予察をプラスすれば三分の一に減る

このスケジュール防除に畑ごとの予察を加えると(予察防除)、さらに、農薬を減らすことが可能である。
スケジュール散布は、観察し意志決定をしなくても病害虫が防除できる利点がある反面、害虫発生のいかんにかかわらず農薬を散布するという不合理な面がある。また、かりに観察できた

としても、農薬を散布するかしないか判断するときに、散布しないで失敗するよりも散布したほうが安全と、保険をかけるつもりで薬剤散布しがちだ。

もしここで、害虫の発生を観察し判断できれば、天敵にやさしい薬剤散布で二週間に一度というように、間隔をあけることが可能になる。また、害虫がいなければ散布する必要がない殺虫剤もはぶくことができる。予察を行なうことで、農薬の使用量はさらに少なくなり、三分の一程度まで減らせる。

予察には、フェロモントラップを使用したり、ルーペなどで観察する方法や、果菜類では、収穫や葉かき作業中に発生株にテープなどで印を付けて発生地点がわかるようにするなど、いろいろ工夫されている。

このように、畑の予察を加えた防除法を予察防除（監視防除）といい、欧米では予察防除を行なうことにより、通常の半分に散布回数を減らしている。

（3）天敵が利用しやすい作物としにくい作物

① 選択性殺虫剤の有無

野菜には、登録薬剤がほとんどないマイナー作物から、多数あるものまである（表1—7）。このため、選択性殺虫剤を取り入れたシステムが可能な作物と、登録薬剤が少ないかないため選択性殺虫剤を選ぶことがむずかしいものまである。

② 栽培期間の長短

そのうえ、栽培期間も数十日から数カ月と幅があり、栽培期間が短いコマツナやチンゲンサイでは、天敵の積極的な利用はほとんど期待できない。逆

表1—7　防除面からみた露地野菜の分類

土着天敵の活用	作物	栽培期間	選べる薬剤の種類	被害許容密度
可能	ナス	長い	多い	高い
可能	ピーマン	長い	多い	高い
可能	トマト	長い	多い	高い
可能	キュウリ	中間	多い	高い
可能	ネギ	中～長	やや多い	高い
可能	キャベツ	中間	多い	高い
可能	ハクサイ	中間	多い	高い
可能	ダイコン	中間	多い	高い
可能	ブロッコリー	中間	少ない	中
難しい	ホウレンソウ	短い	少ない	低い
難しい	カブ	短い	少ない	低い
難しい	チンゲンサイ	短い	極少ない	極低い
難しい	コマツナ	極短	極少ない	極低い

に、長期間栽培するトマト、ピーマン、ナスといった果菜類は土着天敵の活用に適している。

③ 害虫の許容度の大小

被害に対する許容度も作物の種類で大きくちがう。たとえば、キャベツのコナガは株あたり数頭であるのに対し、コマツナやチンゲンサイでは株あたり〇・一頭と数十倍の差があるので、キャベツとコマツナで同じ防除方法を採用することはできない。これは、コマツナやチンゲンサイでは、幼苗期の小さな加害も出荷時には大きな被害となって現われるためである。また、キャベツやブロッコリーでは問題にならないキスジノミハムシも、コマツナやチンゲンサイでは大きな問題になる。

こういう場合は、土着天敵を期待せずに、防虫ネットやマルチなどを利用して害虫と作物を隔離することが大事で、ハウスでは侵入阻止を完全に行ない（図1－11）、作が終わるごとに内部が空になるようにする。

（根本　久）

図1－11　換気のためサイドが大きく開くコマツナハウス
開口面には防虫網が設置されている

第2章 天敵利用による防除の基本

1 天敵の種類と利用のポイント

(1) 露地栽培の基本は土着天敵の利用

① リサージェンスで土着天敵を認識

わが国でのリサージェンスの最初の例は、メソミル処理によるカリフラワーのコナガのリサージェンスである。この場合は、メソミルが天敵のクモを排除してしまったために起きた。土着天敵はそれがいなくなったときに、リサージェンスという形でその重要さが認識されるが、普段は気がつかないことが多い。

天敵の役割が認識されるようになったのは、リサージェンスの問題が認識されるようにになってからである。米国カリフォルニアのカンキツ害虫アカマルカイガラムシは三種のツヤコバチによって発生がおさえられていたが、第二次世界大戦後にDDTが使えるようになると、これらの天敵が排除され、アカマルカイガラムシが増えてしまった (DeBach & Rosen, 1974)。

② 土着天敵の四つのタイプと特徴

保護対象の土着天敵を大きく分けると、捕食寄生者(寄生蜂など)、カブリダニ類、地上徘徊捕食者、葉上徘徊捕食者に分けられる(表2—1)。

表2—1 保護対象の代表的土着天敵 (根本, 2001をもとに作成)

作物の種類	捕食寄生者	カブリダニ	地上徘徊捕食者	葉上徘徊捕食者
果樹・果菜類	ヒメバチ類 コマユバチ類 アブラバチ類 トビコバチ類 ツヤコバチ類 ヒメコバチ類 タマゴコバチ類 ヤドリバエ類	*Typhlodromus*属 (フツウカブリダニの仲間) *Amblyseius*属 (ミヤコカブリダニなど多数)	コモリグモ類 ゴミムシ類	ハナカメムシ類 ヒラタアブ類 クサカゲロウ類 テントウムシ類
畑作作物 (葉菜類を含む)	アブラバチ類 タマゴコバチ類		コモリグモ類 ゴミムシ類 ハネカクシ類	ヒラタアブ類 クサカゲロウ類 テントウムシ類

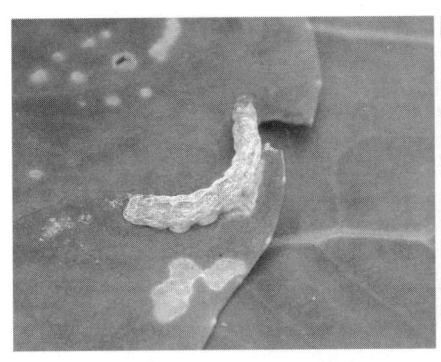

図2−2 害虫に寄生する天敵微生物もいる
緑きょう病菌にかかったオオタバコガの幼虫

図2−1 地面に張られたコサラグモの巣
選択性殺虫剤を使用しクモ類が多く温存されている畑では，朝露に濡れたクモの糸が光る光景が見られる（矢印）

捕食寄生者の多くはハチとハエの仲間で，非常にたくさんの種類がいて，多くの害虫の天敵になっている。害虫の卵に寄生する微小なものから，大きな毛虫に寄生するものまで，多様である。

カブリダニ類は，捕食性ダニ類の代表格で，ハダニ類，コナダニ類，ホコリダニ類，フシダニ類，アザミウマ類などを捕食する。

地上徘徊捕食者はコモリグモ類やゴミムシ類が主で，地上から葉上に上がって害虫を捕食する。チョウ目害虫やアブラムシの有力な天敵である。

主な葉上徘徊捕食者は，ヒメハナカメムシ類，テントウムシ類，ヒラタアブ類，クサカゲロウ類で，卵から若齢期のチョウ目害虫，微小昆虫，ダニ類などの有力な捕食者である。

天敵には，特定の種類しか攻撃しないものや，幅広く攻撃するものまである。例外はあるが，一般に捕食寄生者やカブリダニ類はエサの範囲が狭く，地上や葉上徘徊捕食者は食性が広い。

これらの天敵の種類は多数あり，それぞれの天敵は各種作物に発生するそれぞれの害虫を攻撃していて，殺虫剤を散布してある天敵を排除してしまうと，それに対応した害虫が増えてしまい，さらに殺虫剤を散布しなければならなくなる。

(2) 天敵資材の利用

① 生物的防除資材と天敵資材

生物的手段を用いた病害虫雑草の防除を「生物学的防除」といい，天敵利用のほか，フェロモンの利用，抵抗性

```
                          病害虫雑草防除資材
                    ┌──────────┴──────────┐
              従来の「化学農薬」      「生物的防除資材」あるいは
                                    「生物由来の防除資材」
```

「生物的防除資材」*

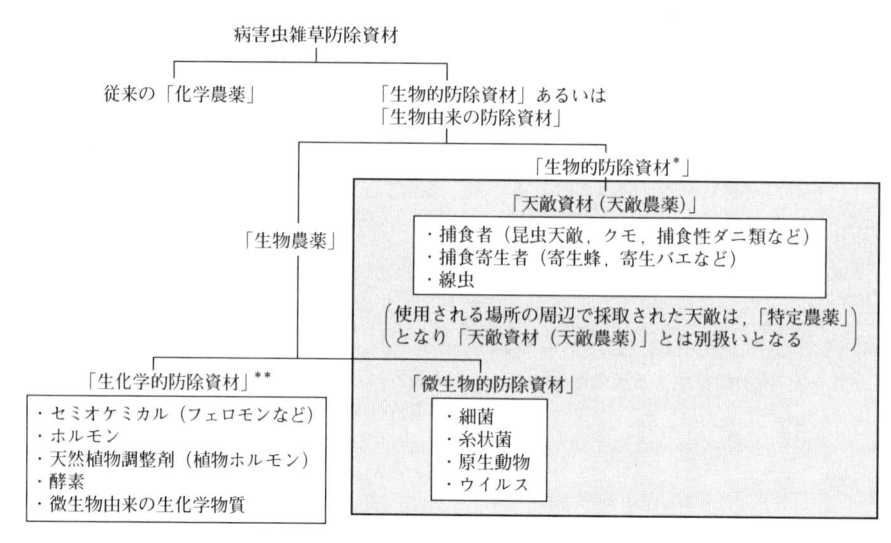

「天敵資材（天敵農薬）」
- 捕食者（昆虫天敵，クモ，捕食性ダニ類など）
- 捕食寄生者（寄生蜂，寄生バエなど）
- 線虫

（使用される場所の周辺で採取された天敵は，「特定農薬」となり「天敵資材（天敵農薬）」とは別扱いとなる）

「生物農薬」

「生化学的防除資材」**
- セミオケミカル（フェロモンなど）
- ホルモン
- 天然植物調整剤（植物ホルモン）
- 酵素
- 微生物由来の生化学物質

「微生物的防除資材」
- 細菌
- 糸状菌
- 原生動物
- ウイルス

図2-3 従来の化学農薬，生物的防除資材，生物農薬の関連図

(EPA, 1982および根本, 1995を改変)

*JAS法では農薬としてカウントされない
**性フェロモン製剤などの多くはJAS法上農薬としてカウントされない

「生物的防除資材」は，「天敵資材（マクロ生物：天敵農薬）」と「微生物的防除資材」に分けられ，「天敵資材」には，捕食寄生性天敵，捕食性天敵，線虫が含まれる。「微生物的防除資材」は，細菌，糸状菌，原生動物，ウイルスを製剤化したものをいう（図2-3）。

「生物的防除資材」と，フェロモンや「微生物由来の生化学物質」などの「生化学的防除資材」は，使用してもJAS法上は農薬としてカウントされない。

これに対して，「生物的防除」は，捕食寄生性（寄生性）天敵，捕食性天敵，天敵微生物を利用，または活用する場合をいう（桐谷と中筋，一九七三）。

「生物学的防除」で使われる天敵などを資材化したものが「生物的防除資材」である。

② 天敵資材の種類と対象害虫

「天敵資材」の種類と対象害虫および作物については巻末付録1を参照されたい。施設栽培では，ハダニ類，アブラムシ類，アザミウマ類，コナジラミ類などの，広食性で繁殖力の強い施設害虫が発生しやすく，しかも殺虫剤

品種の利用，不妊雄の放飼，有用生物：天敵生物の導入，競争種による置換も含む。

抵抗性を持ちやすく問題になっている。日本での「天敵資材」の利用は、このような害虫を対象にしているものが多い。

キュウリ、トマト、ナス、ピーマン、イチゴ、メロン、スイカ、ブドウ、オウトウなど、施設や雨よけ栽培の果菜類や果樹での利用が中心で、露地での利用場面はほとんどない。果菜類や果樹で利用が多いのは、天敵の効果がでるのに時間がかかることから、栽培期間の長い作物が中心になるためである。

登録当初は、イチゴのハダニ対策にチリカブリダニ、トマトのオンシツコナジラミ対策にオンシツツヤコバチだけであったが、その後対象作物の登録を広げていった。それと並行して、他の天敵資材のラインナップも加わり、害虫対策に複数の「天敵資材」が使えるようになった。ミナミキイロアザミウマやミカンキイロアザミウマの捕食者、ククメリスカブリダニ、ナミヒメハナカメムシ、タイリクヒメハナカメムシといった天敵の、ナスやピーマンでの利用が増えている。

トマトやナスでは着果剤を使用するような種類が便利で、地中海性気候や亜熱帯性気候地域の非休眠の種類が利用されることが多い。それらの天敵は、低温や高温ではうまく働かず、温度や湿度がある一定の範囲で効果を発揮する。

表2—2に天敵資材の活動適温と活動可能温度を示したが、天敵資材の活動適温は二〇～二五℃の範囲内に多く、活動可能最低温度は一二～一六℃の範囲内にあり、これ以上の温度管理をしないと天敵は有効に活動できない。そのため、マルハナバチの利用が天敵の利用を促進している側面もある。

なお、施設栽培の野菜類、たとえばモロヘイヤのハダニやアザミウマおよび暖期のホウレンソウ、ミント類、セージ類のハダニ防除に天敵資材が使えば、温度管理が大事なことがわかる。

○適当な湿度

湿度についても適湿度と最適湿度が

③天敵資材は温度、湿度を検討して利用する

○活動適温は二〇～二五℃が多い

市販されている「天敵資材」は、一部を除き、冬期の短日条件下でも働くような種類が便利で、地中海性気候や亜熱帯性気候地域の非休眠の種類が利用されることが多い。それらの天敵は、低温や高温ではうまく働かず、温度や湿度がある一定の範囲で効果を発揮する。

高温時の施設内のこの作業は辛いが、花弁の抜き取りが不要になる。マルハナバチの使用が普及している。マルハナバチを使用する施設では、マルハナバチに悪影響のある殺虫剤が使えない。そのため、マルハナバチの利用が天敵の利用を促進している側面もある。

なお、施設栽培の野菜類、たとえばモロヘイヤのハダニやアザミウマおよび暖期のホウレンソウ、ミント類、セージ類のハダニ防除に天敵資材が使える場面が多数あるので、大いに期待が持てる。

表2-2 天敵資材の最適活動温・湿度

天敵和名	活動可能温度（湿度）	活動適温	適湿度（最適）
チリカブリダニ	12～30℃（>50%）	22～25℃	65～75%
ククメリスカブリダニ	12～35℃（>60%）	21～23℃	65～75%
ナミヒメハナカメムシ	15～35℃（>50%）	21～23℃	65～75%
タイリクヒメハナカメムシ	13～32.5℃	21～23℃	65～75%
ヤマトクサカゲロウ	15～35℃	24～26℃	70～90%
ショクガタマバエ	16～35℃	20～24℃	75～85%
オンシツツヤコバチ	15～30℃	20～24℃	60～90%（最適75%）
サバクツヤコバチ	16～32℃	20～24℃	50～80%
コレマンアブラバチ	5～30℃	20～24℃	55～65%
イサエアヒメコバチ	15～30℃	20～25℃	―
ハモグリコマユバチ	15～30℃	15～20℃	―
レカニカビ	―	20～25℃	80%<

あり、チリカブリダニ、ヒメハナカメムシ、ククメリスカブリダニは六五～七五％が適湿で、前二者は五〇％、後者は六〇％を下がると増殖が落ちてしまう。オンシツツヤコバチ（六〇～九〇％）、ヤマトクサカゲロウ（七〇～九〇％）、ショクガタマバエ（七五～八五％）は比較的高い湿度を好むのに対し、サバクツヤコバチは五〇％近くの低湿度まで耐えられる。このように、湿度管理も重要である。

○トマト、キュウリ、イチゴでは工夫が必要

一方、作物の管理温度は作物ごとにちがうし、昼と夜でもちがう。表2－3に十数種の野菜類の生育適温を示したが、表2－2と照らし合わせると、昼温はほとんどの天敵資材が活動できる温度範囲内にあるが、夜温はトマトやイチゴでは低くなっている。また、トマト、キュウリ、イチゴ、シュンギクでは生育限界温度が低く、栽培面からも低い温度管理が可能だが、それでは天敵の利用ができない。

したがって、作物ごとに栽培温度の設定に合わせて、天敵の種類、放飼の時期や量についてのノウハウの蓄積、天敵が活動しやすい時期に使用するなどの工夫が必要である。なお、温度からみた主な野菜類と天敵資材の組み合わせの可能性を表2－4に示した。

〈トマト〉 栽培可能な温度範囲が広く、高温限界と低温限界が天敵資材の活動適温や活動可能温度からかなりはずれていて、夏の高温や冬の低温時に活動が阻害されるおそれが大きい。

〈キュウリ〉 昼夜の生育適温は合っているが、低温限界が低いので温度管理を低くすることもありえるので、栽培温度が天敵の活動に合っているか

28

表2—3 野菜類における適温と限界温度

	生育適温（℃）		低温限界（℃）	高温限界（℃）	備考
	昼温	夜温			
トマト	20～25	8～13	5	35	低・高温管理下では天敵の活動が困難
ナス	23～28	13～18	10	35	
ピーマン	25～30	15～20	12	35	
シシトウ	28～30	20～23	—	—	
キュウリ	23～28	10～15 (幼苗期18≦)	8	35	
メロン	28～30	25～30	18～23	35	
スイカ	23～28	13～18	10	35	
イチゴ					
葉生育伸長期	20～25	—	20	28～30	
根の伸長期	18～25	—	13～15	25	
果実肥大期	18～23	5～10	3	30	コレマンアブラバチ以外は天敵の活動が困難
シソ	20～23	—	—	—	
スイートバジル	20≦	—	10≦	—	
シュンギク	15～20	—	0でも枯死せず	27～28	低夜温管理下では天敵の活動が困難
モロヘイヤ	25～30	—	10	—	
ホウレンソウ	(15～20)		8	25	
セルリー	(13～18)		5	23	
ミツバ	(15～20)		8	25	
レタス	(15～20)		8	25	
ダイコン	(15～20)		8	25	

表2—4 温度からみた各野菜と天敵資材の組み合わせの可能性

作物	天敵資材と使用可能温度				
	(5≦ ≦30℃) コレマンアブラバチ	(12≦ ≦30℃) チリカブリダニ (12≦ ≦35℃) ククメリスカブリダニ	(12≦ ≦35℃) タイリクヒメカメムシ	(15≦ ≦30℃) オンシツツヤコバチ イサエアヒメコバチ ハモグリコマユバチ (15≦ ≦35℃) ナミヒメカメムシ ヤマトクサカゲロウ	(16≦ ≦32℃) サバクツヤコバチ ショクガタマバエ (16≦ ≦35℃)
トマト	○	○ (12℃≦)	○ (13℃≦)	○ (15℃≦)	○ (16℃≦)
ナス	○	○ (12℃≦)	○ (13℃≦)	○ (15℃≦)	○ (16℃≦)
ピーマン	○	○ (12℃≦)	○ (13℃≦)	○ (15℃≦)	○ (16℃≦)
シシトウ	○	○	○		
キュウリ	○	○ (12℃≦)	○ (13℃≦)		○ (16℃≦)
幼苗期	○	○	○	○	
メロン	○	○	○		○ (16℃≦)
スイカ	○	○ (12℃≦)	○ (13℃≦)	○ (15℃≦)	○ (16℃≦)
イチゴ					
葉生育伸長期	○	○	○	○	○
根の伸長期	○	○	○	×	×
果実肥大期	○	×	×	×	×
多くの野菜類 (食用ハーブを含む)	○	○ (12℃≦)	○ (13℃≦)	○ (15℃≦)	○ (16℃≦)

る生物的防除資材投入の標準モデル＊

10a当たり処理量	10a当たり放飼地点数	備考
6,000頭	400	
1,500頭 3,000頭	30 60	寄生および寄主体液接種
100～300l(1,000倍)	−	農薬的利用
100～300l(1,000倍)	−	農薬的利用
500頭	2	
100頭	スポット法	寄生および寄主体液接種
100,000頭	400	花　粉　食
1,000頭	10	花　粉　食
100～300l(1,000倍)	−	農薬的利用
100頭 500頭	2.5 スポット法	
1,000頭	スポット法	農薬的利用
20,000頭	スポット法	農薬的利用
3,500頭	スポット法	農薬的利用
−	−	農薬的利用

紙袋やバンカープランツを圃場内に設置し、圃場で天敵を

否か検討しなければならない。

〈イチゴ〉

表2-3からも読みとれるように、葉や根の生育伸長時の生育適温と天敵の活動温度とは合っているが、果実肥大期は昼夜の生育適温が低く、とくに、夜の生育適温は六～一〇℃で、チリカブリダニ、ククメリスカブリダニ、ヤマトクサカゲロウ、ショクガタマバエには低すぎる。とくに、ショクガタマバエやヤマトクサカゲロウは活動可能温度が一五～一六℃で、収穫時の使用はかなりむずかしいことがわかる。唯一、コレマンアブラバチだけが利用可能である。したがって、イチゴでの天敵利用は、葉や根の生育伸長時に行なうのが適当と考えられる。

○ムリに天敵資材を使わない選択も

このように、天敵が使えるか否かは、作物の温度条件によって決まってくる。イチゴやトマトでは、栽培温度を低くすると天敵資材を使うのがむずかしくなる反面、美味しい果実が生産できる。温度を下げて品質のよい果実を生産している農家もあり、そうした場合にはムリに天敵資材を使わずに、害虫を発生させない他の方法を工夫してもよいと思う。

④ **放飼の方法**

施設での天敵利用は、温・湿度などの条件を整えて用いるのが原則で

表2—5 施設栽培野菜害虫防除におけ

標的害虫	天敵	処理虫の発育段階	戦略****	処理時期(害虫発生の)	処理頻度
ハダニ	チリカブリダニ	成虫, 若虫	治療的	直後	1~3回
コナジラミ	オンシツツヤコバチ	マミー	予防的治療的	直前直後	2週ごと4~12週ごと
	レカニカビ**	—	治療的	初期	2~3回
	赤きょう病菌***	—	治療的	初期	2~3回
ハモグリバエ	ハモグリコマユバチ	成虫	治療的(圃場増殖法)	直後	2~4回
	イサエアヒメコバチ	成虫	治療的	直後	2~4回
アザミウマ	ククメリスカブリダニ	全ステージ	圃場増殖法	前	1~2回
	ヒメハナカメムシ類	5齢幼虫, 成虫	治療的	直前	1回
	レカニカビ		治療的	初期	2~3回
モモアカアブラムシとワタアブラムシ	コレマンアブラバチ	マミー	予防的治療的(圃場増殖法)	直前直後	毎週2週ごと
アブラムシ類	ショクガタマバエ	まゆ	治療的(圃場増殖法)	発生時	4週ごと
	ヤマトクサカゲロウ	幼虫	治療的	発生時	—
	テントウムシ	成虫	治療的	発生時	—
ヤガ類	BT剤	芽胞および毒素	治療的	初期	—

注) *Ramakers & Rabasse, 1995 および根本, 2002をもとに作成
 **_Verticillium lecanii_ (Zimmermann)
 ***_Paecilmyces fumosoroseus_ (Wize)
 ****圃場増殖法 (open rearing) :天敵とそのエサとなる貯穀害虫などがはいった
  増やす手法

(3) 天敵利用での農薬の使い方

① 選択性殺虫剤、残効性の短いもの、粒剤などを選ぶ

天敵の利用場面は施設と露地があ

ある。温・湿度などの条件を満たしたうえでの、使用時期や使用方法を表2—5に示した。

施設管理の条件を満たし、使用可能な天敵資材の種類が決まったら、具体的な放飼を検討する。天敵資材の種類によっては、エサになる害虫がいないと生きていけないものや、害虫がいなくても花粉などをエサにして増殖できるものがある。また、治療的にしか使用できないものと、予防的にも使用できるものがある。天敵資材ごとの具体的な使い方を表2—6に示した。

表2—6 主な天敵資材の処理方法と効果を上げる使い方のポイント

天敵資材の種類	処理方法と利用のポイント
チリカブリダニ	○ハダニのみをエサにしているので、ハダニが発生していてチリカブリダニのエサがある状態でないと増殖できない ○ハダニの発生直後に、6,000頭/10aのチリカブリダニをハダニの発生地点とその周辺に1〜3回処理する ○500mlの容器に2,000頭以上がバーミキュライトとともに入れられているので、均一に混ざるようにしてから、葉上に処理する
オンシツツヤコバチ	○コナジラミ類に寄生するので、予防的または治療的に使用する ○マミーはカードに貼り付けられていて、通常はカード1枚に50〜60頭のハチが羽化するようになっている ○コナジラミの発生前から予防的に使用する場合は、2週間おきに1,500頭/10aを、30カ所（トマトの場合は20〜30株あたり1枚）に処理する ○マミーが観察されたら、4〜12週間おきに、3,000/10aを、60カ所（トマトの場合は10〜15株あたり1枚）に処理する ○設置位置は膝から腰の高さで、日の当たらない葉の陰などの場所が適当である。羽化したツヤコバチは明るい上方へ登っていくので、その過程でコナジラミ幼虫を探しあてる ○ハウス内にアリが発生していると効果が下がることがあるので注意する
ハモグリコマユバチ	○イサエアヒメコバチと混合されたものと、ハモグリコマユバチ単独の製品とがある ○マメハモグリバエの発生直後から2〜4回に分けて1週間ごとに処理する。2カ所に分けて500頭/10a処理する ○ボトル内には成虫が入れられていて、作物の株の下方の誘引ヒモなどにボトルをはさんで設置し、ふたを開放して成虫が飛び立てるようにする ○日中に放飼するとハチがハウス外に逃亡してしまう心配があるので、送られてきた日の夕方に行なう
イサエアヒメコバチ	○ハモグリコマユバチと同様に、ハモグリコマユバチと混合されたものとイサエアヒメコバチ単独の製品とがある。寄生のほか寄主の体液接種も行なう ○マメハモグリバエの発生直後から2〜4回に分けて1週間ごとに処理する ○ボトル内にはいった成虫を発生株の株元に数頭ずつたたき出して、発生株の株元にスポット処理する。100頭/10a処理する ○処理時間は、日中に行なうとハチがハウス外に逃亡してしまう心配があるので、送られてきた日の夕方に行なう
ククメリスカブリダニ	○アザミウマ類を捕食する。花粉を食べても生きていけるため、チリカブリダニとはちがい、アザミウマの発生前に定着させる ○エサであるコナダニとともに容器に入れられている ○1週間おきに1〜2回程度、10万頭/10aを400カ所に、株元または葉上に処理する
ヒメハナカメムシ類	○アザミウマ類を捕食する ○花粉を食べて生きていけるため、ピーマンなど花粉を多くつける作物では、アザミウマの発生前に定着させる。花粉の少ない作物での使用は効果が期待しにくい ○温度によりつくられる花粉の量が変わってくるので、栽培温度に注意する（表2—3からナスやピーマンでは夜温15℃以上が望ましい）

天敵資材の種類	処理方法と利用のポイント
ヒメハナカメムシ類（続き）	○アザミウマの発生直前に1回，1,000頭/10aを10カ所程度に，バーミキュライトとともに，葉上に処理する
コレマンアブラバチ	○モモアカアブラムシとワタアブラムシを標的害虫として寄生する ○予防的または治療的に使用する ○アブラムシの発生前（苗の定植後でかつ，毎年の発生時期ころ）から予防的に使用し，毎週100頭/10aを，2～3カ所に処理する ○マミーが観察されたら，2週おきに，500～1,000頭/10aをアブラムシの発生箇所にスポット処理する ○栽培夜温が低いイチゴやキュウリなどでは，ナス科より多量（1.5～2倍程度：ただし，活動可能温度以上の場合に限る）の処理が必要である。ボトルに入った成虫やマミーを，発生株の葉上に少量（アブラムシ個体数の2～5分の1）ずつたたき出して放飼する ○処理位置は，膝から腰の高さで日の当たらない葉の陰などが適当である。羽化したアブラバチは明るい上方へ登っていくので，その過程でアブラムシを探しあてる ○ハウス内にアリが発生していると効果が下がることがあるので注意する
ショクガタマバエ ヤマトクサカゲロウ	○アブラムシを一時的に防除する目的で，発生時にスポット処理する（アブラムシ個体数の2～5分の1）。使用時期は温度が十分確保できるころが望ましい ○ショクガタマバエは直射日光が当たると羽化できなくなるので，鉢などの容器下など，湿った陰の下に設置する ○ハウス内にアリが発生していると効果が下がることがあるので注意する
天敵線虫製剤 （スタイナーネマ・カーポカプサエ〈バイオセーフ〉）	○害虫を一時的におさえる目的で，発生初期に使用する ○10aあたり1～2本の割合で株元の地表面に，高さ3cmくらいの小山になるように放飼する ○バイオセーフの対象害虫は，シバオサゾウムシ幼虫，アリモドキゾウムシ，イモゾウムシ，キボシカミキリ幼虫，キンケチブトゾウムシ，タマナヤガ，ハスモンヨトウがあげられる
微生物製剤	○微生物製剤は害虫を一時的におさえる目的で，発生初期または発生時に使用する。菌は紫外線で死滅する。多くは水和剤である ○レカニカビ（マイコタール水和剤，バータレック水和剤），赤きょう病菌（プリファード水和剤），ブロンアーティ（バイオリサカミキリ）は糸状菌を製剤化したもので，アブラムシ，コナジラミ，アザミウマを対象害虫としている。効果を発揮するためには，適当な温度と湿度が必要である。病気対象の殺菌剤を多用するハウスや，散布後に高湿度を保てない場合は効果が得られない ○ BT剤は細菌を製剤化したもので，糸状菌のような温・湿度に対する制約は少なく，化学農薬に近い感覚で使用されている。施設で使われているBT剤はヤガ類を対象害虫にしている ○ネコブセンチュウを対象害虫とする天敵細菌パスツーリア・ペネトランスは，連続処理して効果をねらうもので，多くの微生物製剤のように，一時的な害虫抑制効果を期待するものである。所定量の水に少量ずつかく拌しながら加え，均一に分散させて散布液とする。圃場に均一に散布し，よく混和して土中でも均等になるようにする。本資材はネコブセンチュウでしか増殖できない

るが、それぞれ、天敵を活用しても農薬と組み合わせなければならないことが多い。そうした場合、ねらった害虫以外の生物に対する影響が少ない選択性殺虫剤、残効性の短い殺虫剤、粒剤などを利用して、天敵への悪影響を最小限にする。

施設では導入する天敵資材との組み合わせの可否を、露地栽培でも発生する天敵類に対する影響の有無を知らなければならない。

②施設栽培での農薬の選択

施設の場合は、バイオロジカルコントロール協議会などから天敵資材についてのデータが示されるので、これを利用することが可能である。

なお、天敵資材への農薬の影響の目安を巻末付録2に示したので、これを参考に判断されたい。

③露地栽培での農薬の選択

露地については、土着天敵のデータの蓄積が少なく、天敵資材のような表はつくられていない。とくに大事なことは、作型ごとにちがう発生害虫に対して、各天敵の重要度が示されていないため、どんな天敵に対する薬剤の影響を知ったらよいのかがわからないことである。農薬の天敵に対する影響評価のためには、表2—7に示すようにした知識の蓄積がはかられなかった。

しかし、以下に紹介したように、いくつかはわかっているので、参考にされたい。キャベツ、ブロッコリー、ハクサイ、結球レタスなどではクモが重要な天敵で、第一章の表1—5（17ページ）にあげたクモに影響がない薬剤を使う。

働いていることが断片的にわかっているので、表1—5のヒメハナカメムシ類に影響がない登録薬剤を選んで使用する。

マメハモグリバエの天敵資材であるイサエアヒメコバチやハモグリコマユバチに対する影響の程度から、ハモグリバエ類の土着天敵への影響を類推することもできる。

同様に、ショクガタマバエやクサカゲロウが活躍する場面でも、巻末付録2の利用が可能である。

④天敵に害の少ない粒剤の定植時処理

粒剤の定植時の植え穴や、苗鉢への施用は、天敵への悪影響を少なくできる。粒剤は散布剤と比較して、①薬剤が天敵に直接ふれる機会が少ない、②生物相が比較的単純で、天敵の働きが期待しにくい、植え付け直後の害虫の

ナスではヒメハナカメムシがアザミウマやアブラムシの重要な天敵として

表2—7　天敵への農薬の影響の程度を知るための知識の体系

（根本，2000から作成）

① 総合的害虫管理での天敵の役割の知識
② 害虫個体群と天敵個体群の理論とその変動要因の知識
③ 捕食寄生者，捕食者，天敵微生物の生態学と農薬散布との関連に関する知識
④ 天敵の採集と飼育に関する知識
⑤ 実験室，半野外，野外での農薬影響試験に関する知識
⑥ テスト結果の評価に関する知識

初期定着を防止できる、③定着直後は若齢期の害虫が多く薬剤の効果がでやすい、といった利点がある。

たとえば、露地のナス栽培の場合は、アドマイヤー粒剤などネオニコチル系の粒剤を用いる。これらの薬剤は、ナス害虫の有力な天敵が発生する前に使用し、その影響がなくなったころに天敵が発生してくるので、悪影響を時間的に隔離して回避する方法になっている。

アブラナ科でも、定植時にオンコル粒剤またはオルトラン粒剤などの処理で、定植後三週間近くは害虫から作物を守ってくれる。

定植時に使える粒剤と対象作物、対象害虫例を表2—8に示した。

⑤ 天敵活動中はスポット処理も有効

天敵が有効に働いている圃場では、害虫の発生地点のみに薬剤をスポット処理して、生息する天敵を生かすことがある。スポット処理が有効な害虫は、アブラムシ類、ハダニ類、ホコリダニ類、ならびに、卵塊で産卵され若齢期を集団で過ごすハスモンヨトウ、シロイチモジヨトウ、ウリノメイガ、アメリカシロヒトリ、モンクロシャチホコ、アオビカレハなどである。

アブラムシ類、ハダニ類およびホコリダニ類などの場合は、その害虫が発生した株とその周辺の株に、葉の表や裏にかかるようにていねいに薬剤を散布する。

ハスモンヨトウ、シロイチモジヨトウ、ウリノメイガ、アメリカシロヒトリ、モンクロシャチホコおよびオビカレハなどが発生した場合は、集団のコロニーに散布する。分散後の幼虫にはスポット散布は向かない。

トマトサビダニは発見しだい薬剤散布し、アザミウマやコナジラミ類の場

表2-8 定植時に使える粒剤と対象作物，対象害虫の例

薬剤	対象	守る天敵	アブラムシ	ミナミキイロアザミウマ	ミカンキイロアザミウマ	アザミウマ類	オンシツコナジラミ	シルバーリーフコナジラミ	コナガ	アオムシ	ヨトウムシ	キスジノミハムシ	マメハモグリバエ	ナモグリバエ	ネギハモグリバエ	ネギアザミウマ	ネギコガ	コガネムシ	ネグサレセンチュウ
オンコル粒剤	キャベツ	クモ	○						○	○									
	ハクサイ	クモ							○	○									
	ダイコン	クモ	○							○	○								
	ネギ	クモ													○	○	○		
	キュウリ	ククメリスカブリダニ	○	○	○														
	ピーマン	ククメリスカブリダニ		○															
	ナス	ククメリスカブリダニ		○															
	イチゴ	ククメリスカブリダニ	○															○	○
オルトラン粒剤	キャベツ	クモ	○						○	○	○								
	ハクサイ	クモ	○						○	○									
	ブロッコリー	クモ								○									
	ダイコン	クモ	○						○	○									
モスピラン粒剤	レタス	クモ	○										○						
	ハクサイ	クモ	○						○	○									
	ナス	天敵類放飼は1カ月後	○	○															
	イチゴ	ククメリスカブリダニ / チリカブリダニ	○																
アドマイヤー粒剤	ナス	天敵類放飼は2カ月後	○	○															
	ピーマン	天敵類放飼は2カ月後	○	○															
	トマト	天敵類放飼は2カ月後	○				○	○											
	キュウリ	天敵類放飼は2カ月後	○																
	イチゴ	天敵類放飼は2カ月後	○																
ベストガード粒剤	キュウリ	天敵類放飼は1カ月後	○	○		○	○												
	ナス	天敵類放飼は1カ月後	○	○															
	ピーマン	天敵類放飼は1カ月後	○	○															
	トマト	天敵類放飼は1カ月後	○										○						
	イチゴ	天敵類放飼は1カ月後	○																
	レタス	クモ											○						
	ネギ	クモ														○			

合はスポット散布とせず、43ページの表2—10の寄生密度指数を計算し、二〇％を超える時期に全面散布する。

(4) バンカープランツによる増殖、保護

①バンカープランツとは

欧米では、圃場に天敵が生息できるような植生帯をつくり、天敵の働きを助長する方法が行なわれている。露地栽培作物の畑や果樹園の周囲を、土手のように囲んで天敵を温存する植生帯をヘッジ・ロウというが、バンカープランツはそうした植生帯に利用される植物のことである（図2—4）。

これらは、天敵温存の植生帯として、天敵に花粉や蜜、エサ昆虫を与えるとに、住みかを提供している。畑の周囲にマメ科、キク科、イネ科など、複数の植物を組み合わせて混播した植生帯もある（図2—5）。

私の失敗例としては、アブラナ科野菜害虫の天敵を温存する目的で、アブラナ科野菜畑の周辺にアルファルファをまいたことがある。ところが、アルファルファはモンシロチョウ成虫の蜜源になっていて、その被害は甚大であった。このように、相性が悪い植物どうしを組み合わせるとかえって、被害が大きくなるので注意が必要である。

なお、露地栽培でのバンカープランツに適した植物（作物）の例は巻末付録5「コンパニオンプランツの例」を参照されたい。

図2—4 圃場の周囲につくられている天敵が生息する植生帯（オランダ）

図2—5 複数の植物が混播されたバンカープランツ

②土着天敵を増やす環境づくり

バンカープランツを額縁状や畝間に配置し、畑の周辺部分や内部の天敵に花粉や蜜を提供したり、かわりの寄主やエサ昆虫が住む植生帯をつくる。

果樹園では、生け垣や下草がこれに相当する。しかしわが国では、果樹での研究は始まったばかりで、今後の進展を見守りたい。

畑の周辺に額縁状に配置する場合は、幅三〇センチ～一メートルほどのバンカープランツの植生帯を設ける。間作は作物の間に他の植物を作付けする方法で、雑草とバンカープランツの生長のコントロールが問題となる。多くの場合、畦間に除草機械を入れて管理する。

組み合わせ事例は、巻末付録5の「コンパニオンプランツの例」の表に示した。さらに、間作では間作する植物をいつまくのか、除草をどうするのかが地域ごとに確立されている必要があるが、日本ではこうしたノウハウの蓄積がない。余談になるが、国内で無農薬・無化学栽培を実践されている埼玉県K町のSさんは、除草剤を使わずに機械主体で除草を行なっている。

図2-6 ナス畑の周辺に配置したトウモロコシ

ナスでは、早生種のトウモロコシ（図2-6）やクローバーが相性がよさそうである。キャベツ周辺に白クローバー（シロツメクサ）を額縁植生として配置すると（図2-7）、ゴミムシやテントウムシが増え、コナガを捕食するゴミムシの光景も見られる（図

図2-7 キャベツ畑と周辺に配置した白クローバー

郵便はがき

| 1 | 0 | 7 | 8 | 6 | 6 | 8 |

おそれいりますが切手をおはりドさい

東京都港区赤坂七丁目六の一

社団法人 農文協編集部 行

この本を何によって知りましたか（○印をつけてドさい）
1 広告を見て（新聞・雑誌名　　　　　　　　　　　　　　　）
2 書評、新刊紹介（掲載紙誌名　　　　　　　　　　　　　　）
3 書店の店頭で　4 先生や知人のすすめ　5 図書目録
6 出版ダイジェストを見て　7 その他（　　　　　　　　　　）

お買い求めの書店
所在地　　　　　　　　　　書店名

このたびはお買い上げいただきありがとうございました。このカードは読者と編集部を結ぶ資料として、今後の企画の参考にさせていただきます。

天敵利用で農薬半減

〈今後の発行について思われる御希望(テーマ・くわしく著者など)	この本についての御感想	農文協の図書についての御希望	職業	住所 〒 （電話）	氏名 (ﾌﾘｶﾞﾅ) 年令 男 女

(Eメール)

農文協図書読書カード

5400266

ごきょうりょくありがとうございました

図2—9 クローバーを植えると増えるゴミムシの幼虫（コナガ幼虫を捕食中）

図2—8 アブラムシの有力天敵コクロヒメテントウ幼虫（ナシアブラムシを捕食中）

コンパニオンプランツを配置しても天敵への影響が大きい合成ピレスロイド剤や有機リン剤を害虫の防除に使うと、よい結果が得られない。

③ 施設でのバンカープランツの利用

ヨーロッパの施設では、天敵の増殖を安定させる手法である圃場増殖法（open rearing）の一つとしてバンカープランツが採用されている。しかし、先進地のヨーロッパでも、バンカープランツの植物種数は多くない。マメハモグリバエ対策のハモグリコマユバチにラナンキュラス、果菜類のアブラムシ対策のコレマンアブラバチやショクガタマバエに麦類を利用する程度である。

この方法は、天敵のエサとなる昆虫が寄生する植物（バンカープランツ）をロックウールなどに植えて、天敵を事前に定着させる手法である。大切なのは、天敵のエサになる昆虫が、当該の作物に害を与えない種類でなければならない。

図2—10、11は、果菜類を加害するワタアブラムシ対策の事例で、施設内にコムギを植え、ムギクビレアブラムシをあらかじめ定着させ、ムギクビレアブラムシを寄主にワタアブラムシの寄生蜂であるコレマンアブラバチをあらかじめ定着させるのである。コムギに寄生するムギクビレアブラムシは、キュウリを加害することはないがアブラバチの寄主となるのを利用しているのである。

なお、わが国では、施設での多くのバンカープランツ使用例が紹介されているが、現在のところ筆者にはそれらの情報を検証できないので評価は差しひかえたい。

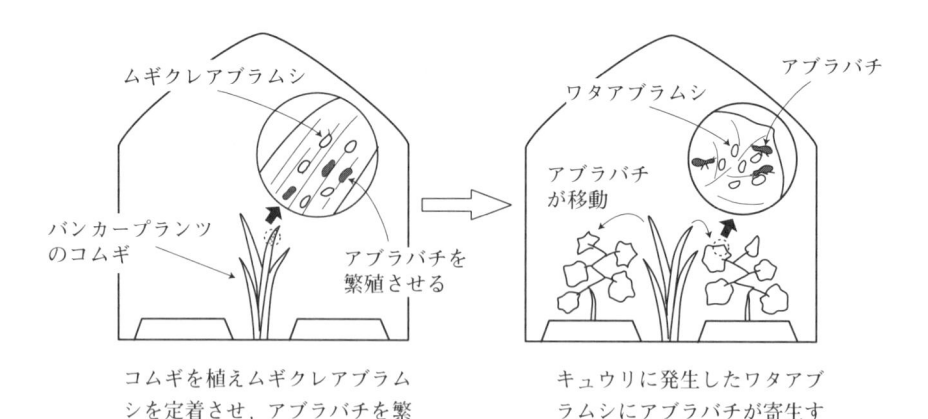

図2—10 施設でのバンカープランツ法の例

コムギを植えムギクレアブラムシを定着させ、アブラバチを繁殖させる

キュウリに発生したワタアブラムシにアブラバチが寄生する（ムギクレアブラムシはキュウリを加害しない）

④エサ付き天敵資材の利用

バンカープランツの利用と同様に、圃場で天敵を増やす（圃場増殖法）の一つで、生きたエサ付きの天敵資材を利用する方法がある。チリカブリダニはエサがなければ定着できないので、エサのハダニを先に放飼し、その後にチリカブリダニを放飼する手法（ペスト・イン・ファースト）が提唱されているが、農家はハダニを作物に放飼することには抵抗感があり、その代替として、ハダニの卵付きの「カブリダニパック」が考案された（図2—12）。

ククメリスカブリダニでも同様の「カブリダニパック」が使われる。こちらは、天敵を先に定着させるプリデータ・イン・ファースト法が採用されており、ククメリスカブリダニと二種類のコナダニ（そのうち一種類はコムギの害虫となっているため、日本での実用化はむずかしい）が紙袋の中に入

図2—11 アブラムシのバンカープランツ
ロックウールに植えられたコムギにムギクレアブラムシが発生して、それにコレマンアブラバチが寄生する

図2-12 チリカブリダニのカブリダニパックを設置したところ

れられている。害虫の侵入前にククメリスカブリダニが定着するので、アザミウマの侵入・定着を防ぐことができる。「カブリダニパック」の利用により、天敵の働きの安定化や放飼回数を減らすことが可能となる。

しかし、日本では、生きたエサ付きの天敵資材が許可される状況にはなく、こうした製品は販売されていない。

（根本 久）

2 害虫の発生と天敵放飼のタイミングを知る手法

(1) 施設での天敵放飼時期や害虫の調査方法

① 作業時に目印を付ける

害虫の発生調査は、葉かき作業や収穫と同時に、色のついた毛糸やカードを害虫発生の目印として、発生株や枝に付けると便利である。付ける位置は作業にじゃまにならずよく見える位置が望ましい。イチゴなどの丈が低い作物の場合は竹棒や針金でもよい。害虫の種類ごとに目印の色を変える。オランダやイギリスでは、目印（図2-13）地点の害虫の数や天敵の数を記録し（図2-14）、そのデータをマップに落

とし害虫や天敵の等高線地図をつくって利用している。

これにより、天敵の放飼地点や数量を決定できる。数が数えられなくても、発生地点がわかるだけでも利用価値は高いと思う。

施設での天敵資材や殺虫剤のスポット処理時には、このような作業は必須であるが、薬剤を全面散布してその効果を知る場合にも役立つ。

② 有色粘着トラップの利用

上記以外の簡便な調査法としては、黄色や青色の有色粘着トラップを用いる方法がある。黄色はハモグリバエ類、アブラムシ類、コナジラミ類に、青は

ミナミキイロアザミウマやミカンキイロアザミウマに用いられる（表2－9）。ミカンキイロアザミウマに有色トラップを用いる場合、トラップの色や粘着糊の材質によって害虫の捕獲効率が異なるので注意する。

わが国では、ヨーロッパの天敵利用の方法をそのまま使用しているため、トラップに捕獲された数との関係で天敵を放飼する時期が提唱されたりするが、この方法は温度が天敵の活動適温の範囲内でなければ天敵が活動できないので、条件が整わなければ適用できない（29ページの表2－4参照）。したがって、有色粘着トラップの利用は、害虫の発生を知る方法としてとらえる。

図2－13　オランダ，イギリスでの害虫目印
（写真：平岡行夫氏）

図2－14　害虫や天敵数の入力機
（写真：平岡行夫氏）

③ 微小害虫はセロテープなどを利用

ハダニやアザミウマは小さく見えにくいので、セロテープや白いビニールテープを使って発生を知ることができる。テープの粘着面を表に出して、茎などに巻き付ける。ハダニやアザミウマが歩行して移動すると、捕獲される。

また、表2－6に示したように、コレマンアブラバチやオンシツツヤコバチでは予防的に少量の天敵資材を定期的に放飼し、マミーが観察されたら治療的な放飼に切り替える方法がある。これは、目立ちやすいマミーの有無から、害虫の発生と天敵の寄生が可能かどうかを知る方法である。一個でも新しいマミーが発見されたら放飼の好機と判断する。

この方法は、天敵資材の費用がかさむのが欠点であるが、この欠点を解決する方法として、ヨーロッパで発達し

表2-9 有色トラップの種類と対象害虫

粘着紙の色	対象害虫	商品の例
青色	ミカンキイロアザミウマ ミナミキイロアザミウマ ヒラズハナアザミウマ	ホリバー青 ITシート・ブルー ペタット・ブルー バグスキャン青 青竜
桃色	ミカンキイロアザミウマ	桃竜
黄色	オンシツコナジラミ シルバーリーフコナジラミ タバココナジラミ マメハモグリバエ トマトハモグリバエ コナガ	ホリバー黄 ITシート・イエロー ペタット・イエロー バグスキャン黄 金竜

使い方：作物の頂上部に針金などでくくりつける

表2-10 農薬散布を判断するための害虫の調査法

〈害虫の調査〉
無し（0）：0頭，極少（1）：1～5頭，少（2）：6～25頭，中（3）：26～100頭，多（4）：101～500頭，甚（5）：501頭～

というように，株あたりまたは枝あたりの害虫数を調査し，階層別に集計して，寄生密度指数を計算する。
果菜類などでは上位，中位，下位の各位置，葉菜類では芯葉部や外葉部ごとに葉を選定し，できるだけ多数の葉を調査する。

〈寄生密度指数を求める〉
寄生密度指数（％）
＝ ［｛1×（極少の葉枚数）＋2×（少の葉枚数）＋3×（中の葉枚数）＋4×（多の葉枚数）＋5×（甚の葉枚数）｝／｛5×（調査総葉数）｝］×100

ているアブラバチのバンカープランツ法（39ページで紹介した圃場増殖法の一つ）も利用されている。

(2) 殺虫剤散布を判断するための害虫密度調査法

露地栽培や天敵を用いた施設栽培では，害虫の発生に伴い殺虫剤散布の可否を検討しなければならない。その判断には，表2-10のように行なう。

この方法は，アブラムシ類，アザミウマ類，コナジラミ類，ハモグリバエ類などの微小害虫に有効である。

表2-10で計算した寄生密度指数が，二〇％を超えなければ，殺虫剤散布の必要はない。二〇％を超える場合は，天敵に対する影響期間の短い殺虫剤を選んで散布する。

二〇％というのは暫定的な値なので，作物や害虫の組み合わせ，季節や作型ごとに検討しなければならないが，とりあえず基準がない場合は，二〇％の寄生密度指数を判断の目安とする。

天敵がうまく働いている場合，この調査と判断がうまく機能すると，通常の散布間隔が一カ月に一回であったものが，一カ月半に一回と散布間隔を広げることが可能となる。

（根本 久）

3 天敵以外の害虫抑制、防除法の活用

(1) 害虫を増やさない工夫

害虫を増やさない栽培を行なうためには、第1章でも紹介したが、施設でも露地でも病害虫の予防のためのシステムが必要である。施設では侵入防止が（表2―11）、露地では栽培を通じた生態機能を活用した予防（表1―6、18ページ）が主である。

①施設で害虫を増やさない工夫 ――軟弱野菜を例に――

○害虫が発生しにくい環境をつくる

施設では天敵を利用しようとしないとにかかわらず、病害虫が発生しにくい環境をつくり上げなければならない。

表2―11に示した、わが国の施設栽培における病害虫の管理システムは、天敵を使う場合の基本である。A～Fすなわち、①はもっとも重要である。すなわち、施設の構造を害虫が侵入しにくいようにする（侵入防止）、施設内外に発生源をつくらない（環境衛生）、窒素肥料の過剰は害虫を増やしやすいので肥料が過剰にならないようにする、などである。

ここで、重要なのは病害虫の予防である。使える殺虫剤が少ない軟弱野菜などではとくに重要である。チンゲンサイでは選べる防除薬剤の種類がいくつかあるものの、コマツナではほとんど選べる薬剤がないので、コマツナでは害虫が発生しにくい環境つくりがもっとも重要である。

こうした場合の害虫対策は、①害虫が発生しにくい環境をつくり、②害虫を早期に発見し、③農薬や物理的防除手段で直接害虫をたたくことである。天敵が使える場合は、③で天敵を入れてもよい。

○害虫が侵入しにくい施設構造

なかでも①はもっとも重要である。すなわち、施設の構造を害虫が侵入しにくいようにする。

施設内に害虫が侵入しにくい構造にするには、側部や肩部に防虫ネットを展張する。防虫ネットは一ミリ目で通気性のよいものを選ぶ。肩部は大きく開くようにして、内部の温度が上がらないように工夫する。

表2—11　わが国の施設における病害虫を予防するシステム

```
A  害虫のついていない健全苗の定植
B  病害虫抵抗性品種の利用
C  圃場衛生の実施（雑草管理を含む）
D  施設の構造
E  害虫の侵入阻止資材の利用
   a  防虫ネット利用
   b  紫外線除去フィルムの利用
   c  光反射フィルムの利用
   d  黄色忌避灯の利用
F  耕種的防除（施肥，水管理を含む）
G  防除の総合化
   a  監視防除（supervised control）
   b  殺虫剤の選択的利用
   c  天敵利用
   d  圃場増殖法（open rearing）
```

○害虫の発生源を少なくする

雑草管理を含む圃場衛生を実施し、施設の中に病害虫の発生源がないようにしなければならない。また、ハウス周りに雑草が生えていると、コナガ、アブラムシ、ミカンキイロアザミウマなどの発生源となるので、雑草を生やさないよう古ビニールなどでマルチする。収穫残渣もハウス周辺に放置するからも好ましい。やすくなるだけでなく、衛生管理の面と、それが害虫の発生源となるので注意する。

○ハウスは一作分の大きさにする

ハウスの大きさは、作業者数に合わせた一作分の大きさとし、ハウス内の作物の発育段階がそろうようにする。ハウス内に発育段階が異なる作物が同時にあると、発育段階のすすんだものから若いものへ害虫が供給されて害虫が絶えることがないので、綿密な病害虫対策がとりにくくなる。

○連作では害虫の密度を下げる工夫が必要

施設では輪作がしにくいので、連作すると発生しやすいキスジノミハムシなどが問題になる。こうした害虫に対しては、太陽熱消毒を行なったり、作と作の間の期間に地面をビニールで覆うなどして、密度を下げたり発生を抑制することも必要である。この方法は、マメハモグリバエ対策にもなるので効果的である。

○薬剤で防除しにくい害虫にはこんな工夫を

このようにして、ハウス内の害虫の発生を予防したうえで防除を行なう。多くの害虫は特定の殺虫剤で防除できるが、コナガ、マメハモグリバエ、ミカンキイロアザミウマやハスモンヨトウに対しては効果が小さい。り、結果的に害虫も排除しを確保することが可能とななる作物や雑草がない状態ハウス内に一定期間エサと大きさにすると、収穫後のハウスの規模を一作分の

黄色粘着紙（図2－15）は、コナガ、マメハモグリバエ、アブラムシを誘殺できるので、コマツナなど登録薬剤の種類が少ない作物では使用価値が高い。大阪府立食と緑の総合研究センターの田中寛博士は、収穫後から播種時までの間に地表面をビニールで被覆して地温を上げ、マメハモグリバエを防除している。こうした手法も取り入れていきたい。

② 露地で害虫を増やさない工夫

○ 耕種的方法の工夫が大切

露地は、施設のように環境を変えることができないので、地域性を活かして、つくりやすい作物を選び、適期に栽培することが重要である。そのうえで、輪作を行ない、抵抗性品種を利用し、天敵の住みかなどを整備して天敵や拮抗微生物が働きやすい環境をつくり、天敵に悪影響をおよぼさない選択性殺虫剤を中心に使用する。

また、害虫を誘引するおとり作物や、害虫が作物に誘引されるのを干渉する作物の利用も考えられる。排水やかん水の管理なども病害対策のためには重要である。

表2－12に作物間での共通害虫の種類数を示すが、作物どうしを組み合わせる場合も共通害虫が少ない組み合せがよい。

○ コンパニオンプランツの利用

ある種の植物どうしをうまく組み合わせると、病害虫や雑草の被害を少なくしたり、なくしたりできる。この相性のよい植物をコンパニオンプランツまたは共栄作物と呼び、間作したり混植したりする。病害虫雑草を撃退するメカニズムは、①害虫の忌避、②害虫を誘引するおとり作物、③体内の毒物質による害虫への殺虫作用や病原菌への殺菌作用、④天敵の定着による害虫の抑制、⑤病害や雑草への拮抗作用、が知られている。④は38ページで紹介したバンカープランツ法である。

マリーゴールドはネグサレセンチュウに対しての防除効果が知られている。栽培されているマリーゴールドの根に侵入したネグサレセンチュウは、

図2－15　黄色粘着紙

46

表2−12　各作物における共通害虫の種類数

	アブラナ科作物	ナス・トマト	ダイズ	ジャガイモ	ウリ類	ニンジン	ホウレンソウ	ゴボウ	トウモロコシ	ムギ	サツマイモ	ネギ類	サトイモ
ナス・トマト	33												
ダイズ	37	25											
ジャガイモ	26	23	19										
ウリ類	32	31	28	17									
ニンジン	27	19	14	12	14								
ホウレンソウ	23	14	10	12	12	14							
ゴボウ	22	17	14	11	15	21	7						
トウモロコシ	24	15	18	20	14	10	8	7					
ムギ	21	15	21	21	10	11	7	7	35				
サツマイモ	16	14	13	12	18	7	7	8	9	5			
ネギ類	14	13	11	10	11	13	9	11	9	9	4		
サトイモ	9	8	8	8	7	5	5	5	6	6	4		
ヤマノイモ	9	9	6	7	5	7	4	6	4	3	6	2	4

根に含まれるα-ターチエニルなどの毒性分のために成育できずに死んでしまう。マリーゴールドはサツマイモネコブセンチュウには効果がないので注意する。微生物を味方に引き入れ、根の表面や体内に住まわせて病害を撃退する例もある。組み合わせの原則はコンパニオンプランツどうしの栽培する季節が合っていて、他方の害虫を呼ばないこと、共通の病害虫がないこと、お互いの相性がよいこと、などの条件を満たす必要がある。相性がよい組み合わせとしては、虫が好むものと虫を忌避するもの、養分要求の高いものと低いもの、深根性の植物と浅根性の植物、日あたりを好むものと日陰を好むもの、草丈の低い植物と高い植物、などの組み合わせがある。

(2) 交信かく乱剤利用

①交信かく乱剤利用による防除の仕組み

性フェロモンは、微量で害虫の密度が低いときにも誘引することができるので、人工的に合成した性フェロモンは、害虫の防除に利用したり、トラップと組み合わせて発生予察に利用される。

性フェロモンは臭い物質で、空気中

で分解されやすく、目的以外の生物への影響が少ないと考えられ、環境負荷も少ない物質とされている。性フェロモンを害虫防除に利用する場合、雌雄の交尾を阻害する交信かく乱法と、雄を大量に捕獲する大量誘殺法とがあるが（表2—13）、効果の確実な交信かく乱法が世界的にもっとも広く行なわれている。

② 交信かく乱剤の種類と対象害虫

わが国で使われている、交信かく乱剤の種類と対象害虫を表2—14に示した。主に、リンゴ、ナシ、モモ、ウメなど果樹類を加害する、シンクイムシやハマキムシ対策で利用されている（図2—16）。

海外では、マイマイガ、ワタを加害するワタアカミムシ、リンゴのコドリンガ、ブドウのスカシバ類対策に威力

を発揮している。ワタアカミムシ対策に交信かく乱剤を使い殺虫剤の散布を減らすことができると、タバコカコナジラミ、ハダニやオオタバコガの被害も減るという。エジプトのワタ畑で、交信かく乱剤処理区と殺虫剤処理区の捕食性天敵数を調査したところ、交信かく乱剤処理区のほうが一五〜二八倍多いことが示された。

表2—13 防除用フェロモン剤の利用場面

項　目	大量誘殺法	交信かく乱法
手　法	ゴキブリホイホイのように（この場合は、集合フェロモン）、トラップと組み合わせて雄成虫を一網打尽に大量に捕獲し、子孫を残さないようにする方法	性フェロモンを煙幕状に充満させ相手がどこにいるかわからなくさせて、交尾行動を阻害する方法
利　点	・天敵など非標的種への影響が小さいかない ・種特異的である ・トラップへの捕虫が見えアピール効果がある	・天敵など非標的種への影響が小さいかない ・複数種への効果が期待できる場合がある ・トラップなどの器具がいらない ・トラップへの捕虫を回収する必要がない ・標的害虫を集めてしまう心配が少ない
欠　点	・高密度時には効果が下がる ・トラップなどの器具がいる ・複数種への効果は期待できない ・発生初期からの設置が必要 ・設置や回収に人的な労働力が必要 ・トラップへの捕虫を回収する必要がある ・標的害虫をトラップ設置圃場に集めてしまう心配がある ・捕虫が見えるので実際よりも効果があるように見える	・利用のためには面積や地形など一定の条件が必要 ・発生初期からの設置が必要 ・設置や回収に人的な労働力が必要 ・捕虫しないのでアピール性に乏しい

表2—14 交信かく乱用性フェロモン剤の適用表

フェロモン剤	適用害虫	適用作物	使用量
コンフューザー-N	ナシヒメシンクイ,モモシンクイガ	果樹	200本/10a
	ナシヒメシンクイ,モモシンクイガ,チャノコカクモンハマキ,チャハマキ	ナシ	〃
コンフューザー-R	ナシヒメシンクイ,モモシンクイガ,リンゴコカクモンハマキ	リンゴ	100本/10a (36g/100本製剤)
コンフューザー-P	ナシヒメシンクイ,モモシンクイガ,ハマキ類,モモハモグリガ	バラ科果樹	300~360本/10a (100g/500本製剤)または150~180本/10a (200g/500本製剤)を対象地帯の樹木などに固定
コンフューザー-A	ナシヒメシンクイ,モモシンクイガ,リンゴコカクモンハマキ,ミダレカクモンハマキ,リンゴモンハマキ,キンモンホソガ	リンゴ	150~240本(または枚)/10aを成虫発生前から終期に対象地帯の樹木につり下げるか,巻き付ける
コナガコン	コナガ	同左加害作物	ハウス:100~400m/10aを天井部に固定 露地:200本/10a(チューブ),100~110m/10a(リール)
〃	オオタバコガ	〃	露地:100~110m/10a (リール)
コナガコンプラス	コナガ	キャベツ	100本/10a
ハマキコン	チャノコカクモンハマキ,チャハマキ	チャ	100~150本/10a
	リンゴコカクモンハマキ,リンゴモンハマキ,ミダレカクモンハマキ	果樹	200~400本/10aを枝に巻き付けねじって固定
ハマキコンLL	チャノコカクモンハマキ雄成虫	ブドウ	400~700m/10a
	チャハマキ雄成虫	チャ	
ハマキコンN	リンゴカクモンハマキ	ナシ,リンゴ	150本/10a (54g/150本)
	チャハマキ,チャノコカクモンハマキ	チャ	250本/10a (90g/250本)
シンクイコン	モモシンクイガ雄成虫	ナシ,モモ,リンゴ	100本~150本/10a
スカシバコン	コスカシバ	モモ,ウメ,オウトウ,サクラ	50~150本/10aを枝に巻き付け固定
	ヒメスカシバ	カキ	
ヨトウコンS	シロイチモジヨトウ	同左加害作物栽培地域	露地:100~500本/10a(20cmチューブ) ハウス:100~140m(チューブは500~700本)/10aを固定
ヨトウコンH	ハスモンヨトウ	施設栽培のシソ	200m/10a (チューブは1,000本)を上部に固定
コンフューザー-G	シバツトガ,スジキリヨトウ	芝	20~40m(チューブ換算100~200本)/10aを対象地帯の樹木に巻き付け固定

③ 交信かく乱剤の効果的な使い方

表2—15に交信かく乱剤利用に適した対象害虫や条件を示した。交信かく乱剤利用による交信かく乱は、害虫の発生の極初期から広い面積で使用することが条件になる(表2—16)。果樹

図2—16 ナシ園に取り付けたコンフューザー

のハマキムシやシンクイムシ対策では三ヘクタール以上、ハスモンヨトウやシロイチモジヨトウといった野菜害虫対策では数十ヘクタールが目安になる。

そこから既交尾雌の飛び込みがあって、効果が期待できないことである。

交信かく乱剤の効果がもっとも期待できる害虫は、果実や茎の中に潜っていて農薬がかからないシンクイムシなどである。これらの害虫対策に殺虫剤を頻繁にかけると、それまで天敵によって抑えられていた二次害虫が顕在化してしまう。交信かく乱剤を上手に利用し、天敵に悪影響が大きい殺虫剤を減らすことができると、殺虫剤の散布回数を大幅に減らすことができる。

交信かく乱剤は限られた害虫のみを対象にするので、その効果だけでは害虫管理はできない。しかし、選択性殺虫剤と組み合わせるなどして、各作物の害虫の重要な天敵を殺さずに害虫を防ぐ一つの方法として有効に活用できる。

こうしないと、交信かく乱剤が周辺に流失してしまい効果が発揮されない。実際の例では、広大な土地に処理する場合は、小さい面積の土地より処理量は少なくてすむことがわかっている（表2—16）。

また、交信かく乱剤は空気よりもやや重いので、盛り上がった土地や斜面では臭いが流れてしまうためうまくいかないことが多い。逆に、盆地など、臭いのたまりやすい環境では効果を発揮しやすい。さらに、ナシのように防ひょう網が設置してある環境では、一〇アール程度の小面積でも利用が可能である。その場合、注意しなければならないのは、近くに発生源があると、

表2—15　交信かく乱剤の利用に適した対象害虫や条件

項　目	対象害虫または地形
①密度が低くても被害が大きい害虫	ナシヒメシンクイ、モモシンクイガ
②薬剤抵抗性が強い	コナガ、シロイチモジヨトウ
③植物体で保護されている	ハマキムシ類、スカシバ類
④大面積で栽培される作物	イネ、ネギ、ヤマトイモ、ブロッコリー
⑤移動性が少ない害虫	モモシンクイガ
⑥風が弱く上昇気流が少ない地域	盆地
⑦風が弱く広域処理ができる地域	ハスモンヨトウやシロイチモジヨトウ加害作物が多い露地野菜地帯
⑧風を弱める装置がある場所	防災壁（ナシ）、林、建物で囲われている地域

表2—16 交信かく乱剤（ヨトウコンS）の処理面積と処理量，防除効果
（信越化学より作成）

処理面積 (ha)	処理本数 (本/ha)	防除価 (％)	備　考
198.0	1,000	99.1	露地
11.0	1,000	92.5	露地
3.7	1,500	70.3	露地
0.1	5,000	50.4	施設

表2—17 接ぎ木栽培によるセンチュウ対策

作物	きわめて有効	かなり有効
キュウリ	—	ネコブセンチュウ
トマト	—	ネコブセンチュウ
ナス	ネグサレセンチュウ	ネコブセンチュウ

(3) 耕種・物理的防除法

① 抵抗性台木や抵抗性品種の利用

IPMの実行のためには、作物の抵抗性品種の利用や抵抗性台木への接ぎ木が行なわれている。わが国では害虫抵抗性品種の利用はすすんでいないが、センチュウ対策に抵抗性台木を利用することがある。

実用化事例を表2—17に示したが、主にウリ科およびナス科作物である。台木品種の多くは複合抵抗性をもつもの、すべての土壌病害（センチュウを含む）に対して有効とはいえない。

② 物理的防除法の利用

○防虫ネットの利用

施設内に害虫が侵入しにくい構造にするには、側部や肩部に防虫ネットを展張する。

防虫ネットは一ミリ目で通気性のよいものを選ぶ。肩部は大きく開くようにして、夏期に内部の温度が上がらないように工夫する。

ミカンキイロアザミウマやキスジノミハムシが問題になる場合は、〇・八ミリ目の防虫ネットを使用する。ハウス周りに雑草が生えていると、コナガ、アブラムシ、ミカンキイロアザミウマなどの発生源となるので、雑草を生やさないよう古ビニールなどでマルチする。収穫残渣もハウス周辺に放置すると、それが害虫の発生源となるので注意する。周辺に発生源がない場合、通常は一ミリ目の防虫ネットで十分であるが、

施設への害虫の侵入や活動を物理的に抑制する資材があり、天敵と組み合わせることで、効果的に害虫を防除できる。

ただし、侵入防止資材の利用は、侵入した場合には効果がなく、ただちに薬剤などで防除する必要がある。

防虫ネットを利用すると、内部の気

温や通気性といった環境変化による作物の品質低下をまねくことがあるので、季節や栽培形態にあった品種の選択が必要である。

○黄色蛍光灯

四〇ワット黄色蛍光灯を、九～一四メートル間隔で、一〇アールあたり一〇～一三台、地面から約二・五メートル以上離して水平に設置し、夕方から翌朝まで点灯する。施設栽培のバラ、カーネーション、青ジソで防除効果が確かめられている。

他の作物で実施する場合には、暗い部分があると対象害虫が加害行動を起こすので、作物ごとに暗い部分ができないように設置方法を検討する必要がある。また、防除対象のヤガの種類や防除の実施時期によっては、加害、産卵、交尾行動を起こす時間がちがうのあいで、作物への影響と効果とのかねあいで点灯時間を工夫する必要がある。

作物の種類によっては、黄色蛍光灯の点灯の影響を受けるので、使用の可否や照度についても検討を行なう。キクでは花芽の分化抑制、開花の遅延、花の先から栄養生長が始まる貫生花の発生などが、カーネーションでは到花日数の短縮、着花節位の低下が、バラでは花梗の長伸長、開花の遅延、スターチスとデルフィニウムでは開花の促進、イチゴとホウレンソウでは生育への悪影響が認められている。トルコギキョウでは影響は認められていない。

試験例としては、カーネーション、バラ、キク、トルコギキョウ、スターチス、トマト、イチゴ、アスパラガス、ナス、ミズナ、コマツナ、青ネギ、ミツバ、青ジソ、ハーブがあるが、実施前に効果や植物への影響を事前に調査したうえで可否を決める。

○銀色マルチ

アブラムシなどカメムシ目害虫やアザミウマ類対策に、光の反射によって忌避行動を起こす銀色のマルチフィルムが市販されている。

作物とマルチの面積の比率が五〇％以下になると忌避効果が下がるので注意が必要である。また、害虫の増殖を抑制する効果はないので、播種・定植前に設置するか、十分な防除を行なったうえで設置する。

なお、畑周辺の雑草から歩行してくる害虫には効果がない。

○紫外線除去フィルム

紫外線除去フィルムは、太陽光線中の近紫外線域（四〇〇ナノメートル以下）の波長を透過しない資材で、カメムシ目害虫やアザミウマ類に有効である。害虫の増殖を抑制する効果はなく、ハウス周辺の雑草から歩行してくる害虫にも効果がない。

（根本　久）

4 天敵利用と生産物の販売

(1) 天敵利用をアピールして有利販売を

 生産物の品質は、価格を決めるもっとも大事な要素である。しかし、品質とは生産物の味や外観だけでなく、今では農薬の使用回数が少ないことも農産物の付加価値を高め、立派な品質の条件である。
 ところで、天敵を利用したい理由は、①化学合成農薬を使わない農作物を消費者に提供したい、②環境にやさしい農業をしたい、③農薬散布作業から解放されたい、④病害虫と農薬の追いかけっこの心配がない天敵防除をしたい、などがあげられるだろう。
 ①の理由で始める場合は、慣行防除の農作物と同じものとして売ることはとうていできない。無農薬あるいは減農薬の農産物がほしい消費者へ販売することになる。この場合、化学合成農薬をまったく使用しないか、使ったとしても何回農薬を使ったかが品質として第一の条件となる。
 ②〜④の理由では、農産物の外観や内容・品質があまり低下しなければ、慣行防除の農作物と共販できるが、防除経費が高くなったり、外観がわるくなって買いたたかれる場合はそうはいかない。天敵を利用して化学合成農薬を少なくしたことを、付加価値として販売しなければ高く売れない。
 つまり、天敵による防除を始めた理由が何であるかにかかわらず、慣行防除より経費が高くならない作物を除いて、天敵利用を品質としてアピールして売ることが必要になる。また、ある程度の外観品質が犠牲になることも多いが、自分たちのつくった農産物のニーズはあるのか、またどのような人が買ってくれるのかなどを探索し、販路を開拓することが大切になる。

(2) 防除経費はどこまでかけられるか

 天敵利用にかかわらず、何事も経営的にマイナスなのかプラスなのかの判断をしながら取り組むことが大切なので、ここでは防除経費について考えてみよう。
 防除経費がどこまでかけられるかに

ついては、経済的被害許容水準（EIL）という考え方がある。経済的被害許容水準とは、防除してもしなくても収量や品質に影響のない害虫密度と、防除しなければ収益が確保されない害虫密度の分岐点をさす。

実際には年によって害虫の発生が変化するので、経済的被害許容水準がどこなのかの判断はできないが、防除にどれくらいお金をかけているかは計算できる。したがって、防除にかかった経費と販売額から、防除に経費をどの程度かけられるか判断するのが現実的である。

① 防除経費の計算

まず、防除の経費を計算する。これから天敵防除を始める方は、部分的には推測の数字でもかまわない。

固定費‥ここでは薬剤防除にかかる動力噴霧機などの減価償却費を計算する。農業簿記では（購入価格-残存価格）/耐用年数、が一年の減価償却費になる。

農薬費‥実際に使った化学農薬の経費。

天敵利用等費‥天敵利用防除での計算なので、農薬とは別に計算する。フェロモンの防除経費もここに入れる。

物理的防除費‥施設なら防虫網や黄色灯、露地ならべたがけ資材などの経費を、耐用年数で割る。

光熱動力費‥動力噴霧機の燃料代や、圃場が遠ければ車のガソリン代も入れる。

労賃‥労賃も計算したい。二〇〇二年の平均的な単価は、家族労賃・常時雇用労賃が時間あたり二〇〇〇円、臨時雇用が八五〇円となっている。農薬散布労力だけでなく、天敵利用にかかる労力、予察労力も含める。

防除経費の計算がすんだら、農産物販売額と防除経費を比較する。なお、経済的被害許容水準は個々の害虫で論じられることが多いが、一回の農薬散布で何種類かの害虫を同時に防除することも多いので、本来は経営を念頭におき、複数の害虫を同時に考えるべきである。また、天敵利用の防除の特徴として、農薬散布回数の少なさが品質（付加価値）になる。品質の経済的被害許容水準を考える場合はこのことも念頭におくことが必要である。

② 契約栽培など販売価格が安定している場合の判断

〈品質に影響する害虫が主な防除対象となるケース〉　図2-17を見ていただきたい。契約先に求められている品質を確保するために、超えてはいけない害虫密度が経済的被害許容水準とすると（実際は安全性を見込むため、防除の目安はもっと低い密度となる）、

54

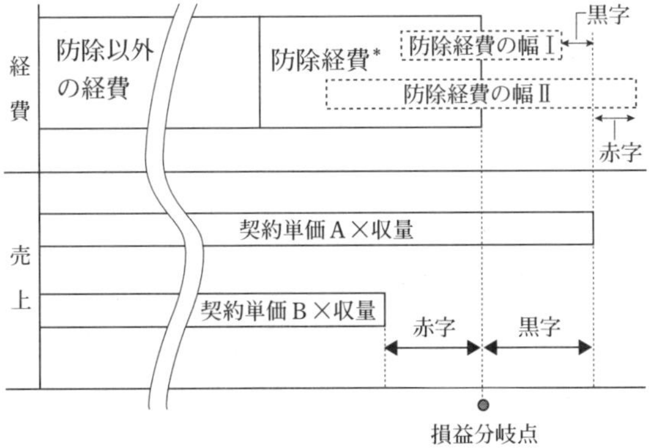

図2-17 品質に影響する害虫の防除経費と収益との関係

*防除経費：求められる品質を確保するために必要な防除にかかる費用

天敵の費用も含めてそのために必要な防除経費が損益分岐点になる。図の契約単価Bでは赤字になるが、Aでは黒字になる。

しかし、年や季節によって害虫の増え方は変化するため、防除経費も当然変化し、損益分岐点がかわる。害虫の増え方にともなう防除経費の幅が、図の「Ⅰ」であれば多発生時でも利益が出るが、「Ⅱ」では赤字となってしまう。天敵を用いた防除体系で、防除のターゲットとなる害虫はどちらのタイプなのかについて把握しておく必要がある。

契約単価Bでは、求められる品質を確保する防除費と他の経費との合計が販売額を超えてしまい、利益が出ない。単価や販売先を変えるか、それができなければ天敵を使った防除法自体が成り立たないことになる。

〈収量に影響する害虫が主な防除対象となるケース〉

図2-18が経費と収量との関係を示した図である。販売額と経費が等しくなる収量がえられる害虫密度が、経済的被害許容水準＝損益分岐点Aとなる。防除と収量によって変化する経費以外は一定なので、このときの防除経費以上に天敵を利用するか殺虫剤防除を追加し、収量を増やすことで利益が生じる。ただし一定の密度以下になると、それ以下の密度に落とすには格段にコストがかかるので、経営的にマイナスになる。それが、損益分岐点Bである。

この図では害虫の増加程度の変化を表現していないが、経費の線が害虫が増殖しやすい条件では全体的に上へ、そうでないときは下へ移動すると考えればよい。

③ 市場出荷など販売価格が変動する場合の判断

品質、収量だけでなく、販売価格が変動すると経済的被害許容水準も変化するが、これはあくまで結果論である。

第2章 天敵利用による防除の基本

したがって、「これ以下の品質では販売できない」、「最低、この程度は収穫したい」という目標を決め、経済的被害許容水準とする。その際、損益分岐点となる単価や収量は計算しておく。

実際には、経済的被害許容水準は病害でも考慮する必要がある。また、病害虫の発生量は年により変動があるの

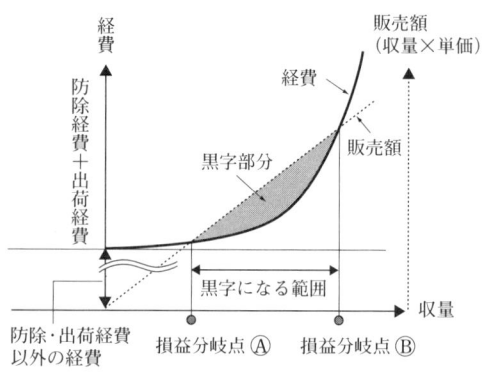

図2-18 収量に影響する害虫の防除経費と収益との関係

で、計算上の経済的被害許容水準が変わることもある。

計算上の数字に惑わされてはいけないが、経営上の数字はしっかり把握することが必要である。

（多々良　明夫）

第3章 作物別天敵利用防除の実際

露地栽培

雨よけ栽培トマト

(1) 対象害虫・主要天敵と防除のポイント

天敵類の利用は夏期の高温時や厳冬期を避ける。

① 対象害虫と天敵利用のポイント

主要害虫はオンシツコナジラミ（図1）、マメハモグリバエ（最近、西南暖地ではトマトハモグリバエが主体）である。このほか、地域によってはアブラムシ類、ヒラズハナアザミウマ、ハスモンヨトウ、オオタバコガおよびトマトサビダニが発生する。

利用できる天敵は表1に示したが、

② 主要天敵と見分け方

オンシツヤドバチ雌成虫の体長は約〇・六ミリ、頭と胸が黒く、腹は黄色い（図2）。オンシツヤドバチに寄生されたオンシツコナジラミの蛹は黒く着色するので区別できる。なお、一八℃以下の気温では飛翔できない。

イサエアヒメコバチとハモグリコマユバチ（両種の体長は二〜三ミリ）に寄生されるとマメハモグリバエ幼虫は黒色になり、孔道の外側から寄生蜂の蛹の存在をはっきりと認めることができる。ハモグリコマユバチは比較的低温時に、イサエアヒメコバチは高温時によく働く。

図1 オンシツコナジラミの成虫と卵

58

表1 トマトに登録されている天敵剤（2003年3月10日現在）

天敵の種類	商品名	対象害虫	備考
オンシツツヤコバチ	エンストリップ	コナジラミ類	黄色粘着トラップはトマトの草冠部上30cmの位置に100m^{2}あたり1枚の割合で設置する 天敵の導入は黄色粘着板トラップにコナジラミ類が1〜10頭誘殺された時点で開始する マミーカードは商品により付着しているマミー数が異なるので，全体の放飼頭数を株あたり1〜2頭になるように放飼回数を調節する（マミーカード1枚に50頭ついている場合には，1週間間隔で4回放す）
	ツヤトップ		
	トモノツヤコバチEF	オンシツコナジラミ	
	ツヤコバチEF		
	ツヤコバチEF30		
サバクツヤコバチ	エルカール	コナジラミ類	ホストフィーディングによる殺虫効果あり
イサエアヒメコバチ＋ハモグリコマユバチ	マイネックス	マメハモグリバエ	幅広い温度域で使用できる。黄色粘着板トラップにマメハモグリバエが1頭誘殺された時点で放飼する
	マイネックス91		
イサエアヒメコバチ	トモノヒメコバチDI	マメハモグリバエ	活動適温は20〜30℃で，20℃以下の低温期には効果が期待できない
	ヒメコバチDI	ハモグリバエ類	
	ヒメトップ		
ハモグリコマユバチ	トモノコマユバチDS	マメハモグリバエ	活動適温は15〜25℃で，11月〜3月の低温期にも使用できる
	コマユバチDS		
コレマンアブラバチ	アブラバチAC	アブラムシ類	ワタアブラムシ，モモアカアブラムシに利用する
ショクガタマバエ	アフィデント	アブラムシ類	土壌面が出ていない場合には蛹化率が低下する。ある程度の湿度が必要
ナミテントウ	ナミタップ	アブラムシ類	移動性が高いので，施設内から逃げない工夫が必要である。共食いする場合がある
チリカブリダニ	スパイデックス	ハダニ類	ヒメハナカメムシ類が定着した圃場では，ヒメハナカメムシ類に捕食される場合が多い
タイリクヒメハナカメムシ	オリスターA	アザミウマ類	効果が現われるのが比較的遅いので，早めに導入する。アブラムシ類，ハダニ類やその他の節足動物も食べ，産卵は植物体組織内に行なう。厳寒期には使用しない
バーティシリウム・レカニ	マイコタール	コナジラミ類	散布後は湿度90％以上が最低9時間以上必要
ペキロマイセス・フモソロセウス	プリファード	コナジラミ類	処理時の適温20〜25℃，湿度90％以上の高湿度条件が9時間以上必要

③ 天敵利用の条件

天敵類を利用する場合には、ハウスの出入口や側面部に寒冷紗を被覆するなど、周辺部からの害虫の侵入ができなくなるような環境整備が必要である。また、種子消毒や育苗の時期から病害虫の防除を徹底し、本圃へ持ち込まないことが重要である。

西南暖地にくらべ、夏場比較的気温の低い東北地域で利用しやすい技術といえる。

④ 使える農薬と使用上の注意点

トマトに使える天敵類に影響の少ない農薬を表2に示した。薬剤を散布する場合には、マルハナバチに対する配慮も必要である。

(2) 天敵を利用した防除の実際

① 生育ステージと防除体系

トマトの生育ステージと、主要害虫および天敵類の発生消長の模式図と防除体系を図3に示した。天敵類は、春期〜夏期に利用する。害虫の侵入を抑制する物理的防除手

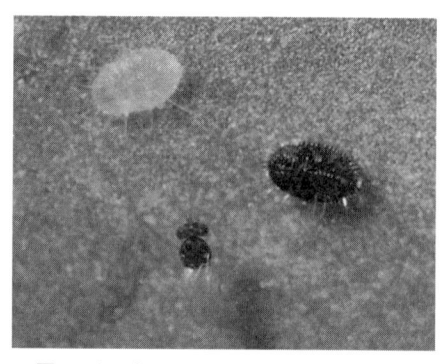

図2 オンシツツヤコバチ成虫と蛹（黒色マミー）

表2 天敵の利用で使える農薬と使用上の注意点

農薬名	防除対象害虫	使用上の注意点
チェス水和剤	オンシツコナジラミ	コナジラミの蛹に対する防除効果はやや劣るので、若齢幼虫期を中心に散布する
	アブラムシ類	
アプロード水和剤	オンシツコナジラミ	成虫に対する直接的な殺虫効果はない。幼虫期中心に散布する
オルトラン粒剤	アブラムシ類、オンシツコナジラミ、（マメハモグリバエ、アザミウマ類）	天敵類・授粉昆虫に影響する期間（マルハナバチ：20日間）を考慮する
ベストガード粒剤	マメハモグリバエ、アブラムシ類、シルバーリーフコナジラミ	天敵類・授粉昆虫に影響する期間（マルハナバチ：20日間）を考慮する
アドマイヤー1粒剤	アブラムシ類、オンシツコナジラミ、シルバーリーフコナジラミ	天敵類・授粉昆虫に影響する期間（マルハナバチ：30日間）を考慮する
カスケード乳剤	オオタバコガ、マメハモグリバエ、ミカンキイロアザミウマ	マルハナバチに対して影響あり（7日間）
トリガード液剤	マメハモグリバエ	マルハナバチに対してわずかに影響がある（1日間）
オレート液剤	アブラムシ類	対象害虫によく付着するように丁寧に散布する。天敵・授粉昆虫に対する影響なし
	シルバーリーフコナジラミ	
ケルセン乳剤	ハダニ類（トマトサビダニ）	天敵類（オンシツツヤコバチ：14日間）・授粉昆虫に影響する期間を考慮する
BT剤	オオタバコガ、ハスモンヨトウ	発生初期に使用する。天敵類・授粉昆虫に影響なし

注) ( ) 内の害虫に対しては適用登録されていないが、同時防除が可能

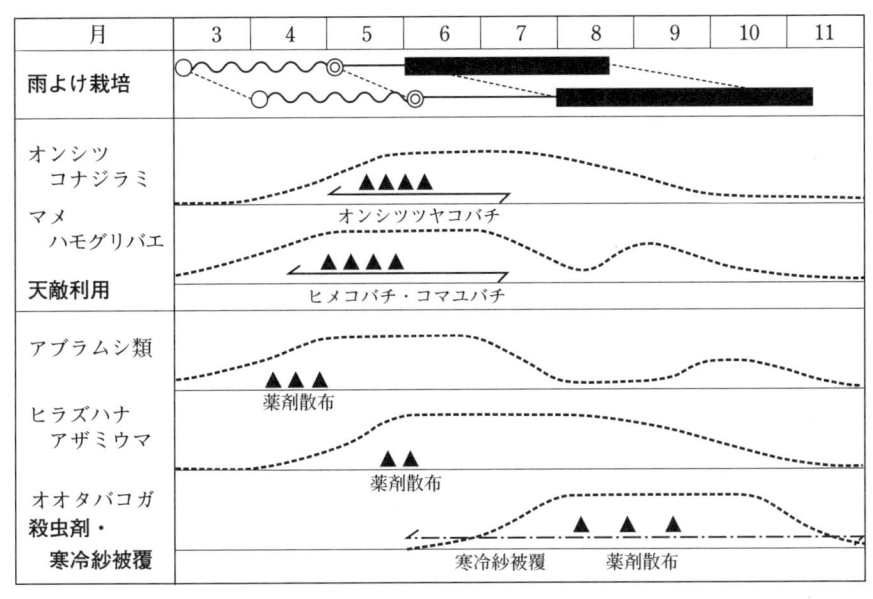

図3　雨よけ栽培トマトの天敵を利用した防除体系

表3　トマトの害虫種と侵入阻止できる網の目合い

害虫種	目合い	引用文献
オンシツコナジラミ	1.1mm	林　　　：1992
マメハモグリバエ	0.6mm	田中ら　：1997
トマトハモグリバエ	0.6mm以下	福井農試：2002
ミカンキイロアザミウマ	0.6mm	山本ら　：2000
アブラムシ類	1.4mm	谷口　　：1982
ハスモンヨトウ	4.0mm	福井ら　：1996
オオタバコガ	5.1mm	田中　　：1999

段として、各圃場の主要害虫の侵入を阻止できる目合いの資材を活用する。たとえば、アブラムシ類には一・四ミリ目、オンシツコナジラミには一・一ミリ目、マメハモグリバエには〇・六ミリ目の網を張る（表3）。オオタバコガには黄色蛍光灯の設置や五・一ミリ目の網が有効である。

②オンシツコナジラミの防除

オンシツツヤコバチの導入時期は、"黄色粘着板トラップ"で一週間あたり一〜一〇頭誘殺されたときが最適である。放飼量は株あたり四頭（毎週一頭を四回）が基本で、気温が二〇℃以下の場合やコナジラミの発生量が一〇頭よりやや多い場合には倍量放すが

必要がある。

誘殺数が一週間あたり一〇〇頭以上では、事前にチェス水和剤やアプロード水和剤などでコナジラミ密度を下げた後に天敵を導入する。

オンシツヤコバチによる防除効果の確認は、黒い蛹の割合が七〇％以上になれば成功である。

寄生率が上がらず、粘着板に一週間で五〇〇頭以上誘殺される場合には薬剤防除に切り替える。

雨よけ栽培トマトの天敵利用によるオンシツコナジラミ防除試験の結果によると、第一回放飼二週間後から寄生が確認され、最高寄生率は八〇％を超え、すす病の発生は認められなかった（図4）。

③ マメ（トマト）ハモグリバエの防除

マメ（トマト）ハモグリバエの寄生

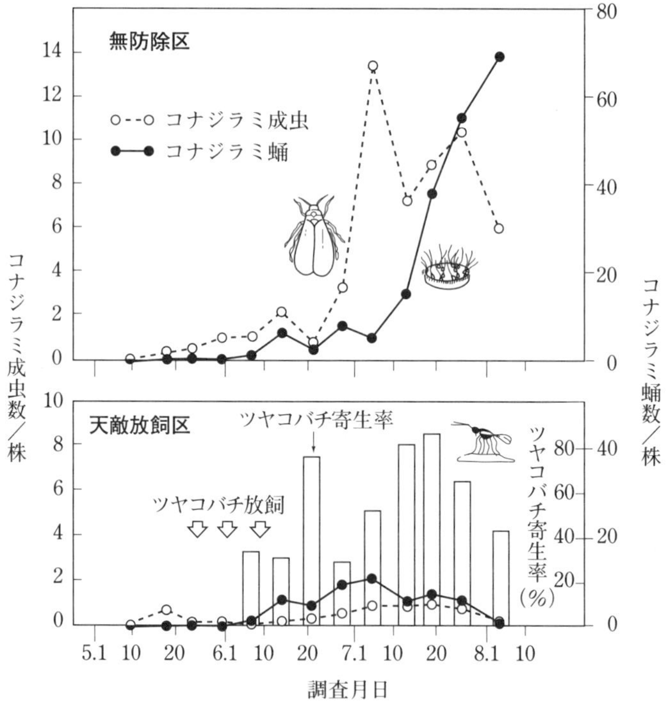

図4 雨よけ栽培トマトの天敵利用によるオンシツコナジラミ防除
（1994年；東広島市）
品種：瑞栄，定植：1994年5月9日，収穫始め：7月上旬，収穫終わり：8月中旬

葉が確認されたら、ボトルに入った天敵(イサエアヒメコバチ＋ハモグリコマユバチ)を一〇アールあたり二五〇〜五〇〇頭放飼する。放飼回数は七日間隔で四回を基本とする。気温一五℃以上ではヒメコバチ、以下ではコマユバチの活動が活発である。

④ その他の害虫の防除

アブラムシ類は増殖率が高いので春期に早めに、コレマンアブラバチ、ショクガタマバエ、ナミテントウなどの天敵を導入する。ヒラズハナアザミウマは捕食性のタイリクヒメハナカメムシを利用して、発生盛期の六月ころを中心に防除する。オオタバコガに対しては、基本的には寒冷紗被覆を行なうが、収穫期に発生がみられる場合には薬剤防除する。

(3) もっと農薬を減らせる予察防除方法

① 粘着板トラップなどによるモニタリング

主要害虫の発生は、春期の気温の上昇とともに増加するので、本圃への定植と同時にモニタリングを始める。オンシツコナジラミのモニタリングによる技術として黄色粘着板トラップによる方法がもっとも汎用性が高い。しかし、気温が二〇℃より低い場合にはトラップの誘引効果が落ちるため、葉裏の成虫を直接観察したり、葉先を爪先で弾いて飛び立つかどうかを見るなどの方法も併用する。マメハモグリバエには黄色、ミカンキイロアザミウマには青色粘着板トラップを用いる。

また、マメハモグリバエの場合、雌成虫による摂食・産卵痕の数も目安に

② 指標植物の利用

施設栽培トマトと同様にできるので、102ページを参照されたい。

(4) 土着天敵やコンパニオンプランツの利用

① 土着天敵を増やす工夫

オンシツコナジラミに対する土着天敵として、ヨコスジツヤコバチ、ニッポンヤコバチなどの寄生蜂、ペキロマイセス菌がある。ヨコスジツヤコバチの寄主として、土着種のツツジコナジラミ、ミカンコナジラミなどが知ら

なり、葉表の一ミリほどの白い斑点が一つでも見つかれば天敵を導入する。トマトサビダニなどの微小種のモニタリングは、植物体に押し付けたセロテープを白い紙に貼り付け、虫眼鏡で観察する。

れている。それらの寄主植物であるツツジやクチナシ、カンキツ類は、バンカープランツとして利用できる可能性がある（梶田、二〇〇二）。

マメハモグリバエに対する土着寄生蜂二八種が知られ、とくにヒメコバチ科の四種は日本各地での優占種になっている。この四種はナモグリバエ、イネハモグリバエの天敵でもあり、春先の露地栽培エンドウに付くナモグリバエにはほぼ一〇〇％近い寄生率でナモグリバエに寄生する。したがって、天敵の寄生したエンドウを、バンカープランツとして利用する方法は大いに期待できる。農薬の使用を制限すると、栽培後半には、これら土着天敵の働きが増大する。

② トマトに適したコンパニオンプランツと利用法

トマト定植前のマリーゴールド（ア

フリカン種）の栽植は、サツマイモネコブセンチュウを防いでくれる。コンパニオンプランツではないが、ギニアグラスやエンバクなどの栽培もネコブセンチュウの発生を抑制する。

バジルやキンレンカとの混植は、トマトの収量増加や生育促進になるといわれている。

(5) 天敵を活かす病害防除の注意

① 主な殺菌剤と天敵への影響、使い方の注意

トマトに登録のある殺菌剤の多くは、天敵類やマルハナバチに対して、影響がないものが多い。

ただし、オンシツツヤコバチ成虫に対してはモレスタン水和剤とユーパレン水和剤が、イサエアヒメコバチ、ハモグリコマユバチ成虫に対してはオー

ソサイド水和剤80が多少影響する。

② 天敵に害のない防除のポイント

天敵に影響のある薬剤は、天敵類の導入一週間前までに散布を終わらせる。天敵類の導入後は天敵に影響の少ない薬剤を選択し、できるだけスポット散布して、全体に影響がおよばないようにする。

(6) 天敵利用と農薬防除の労力と経費の比較

小林ら（一九九六）の試算によると、夏秋トマトでの防除時間は、慣行防除区では一〇アールあたり約三〇時間かかったが、天敵放飼区では一〇アールあたり約四〇〇分と約五分の一に短縮される。

（林　英明）

露地栽培

ナス

(1) 対象害虫・主要天敵と防除のポイント

露地栽培のナスは八重桜が咲くころ以降に定植される。

露地栽培のナスには、ワタアブラムシ、モモアカアブラムシ、チャノホコリダニ、ミナミキイロアザミウマ、コナジラミ類、ハスモンヨトウ、マメコガネ、オオタバコガ、オオニジュウヤホシテントウなどの害虫が発生する。

これらの害虫はナスの生育期間を通して常に発生しているわけではなく、天敵などの働きによっていなくなってしまう場合もある。ナス栽培ではヒメハナカメムシ（図1）やヒメテントウ類（図2）などの天敵類がよく働いており、これらの天敵を温存することが可能である（表1）。逆に、天敵相を破壊すると害虫のリサージェンスを誘発してしまう。

いずれの天敵も、有機リン、カーバメート、合成ピレスロイド系殺虫剤や多くのネオニコチル系剤によって悪影響を受けるので、薬剤の使用に当たっては注意を要する。

ナス畑では、ヒメテントウ類とヒメハナカメムシ類は安定して発生するので、一アール程度以上の規模の面積が

図2 ハダニを捕食中のコクロヒメテントウ成虫

図1 ワタアブラムシを捕食中のヒメハナカメムシ成虫

表1 露地ナスの主な天敵とその特徴

天敵の種類	標的害虫	天敵の特徴
ヒメハナカメムシ類	アザミウマ類 アブラムシ類 コナジラミ類 チョウ目害虫卵 ハダニ類	・高温期に発生し、最低気温が15℃以上（埼玉では6月以降）になると活動する ・ナス畑では7月以降にナミヒメハナカメムシやコヒメハナカメムシが見られる。シロツメクサやトウモロコシは、ヒメハナカメムシにエサや住みかを提供する植物で、5～6月にナス畑周辺に配置すると、ナス畑への定着が早まる ・多食性の天敵で、アザミウマ、アブラムシ、ハダニ、コナジラミ、ヨコバイのほか、チョウ目の卵も食する ・高温期にヒメハナカメムシが排除されると、アザミウマやアブラムシのリサージェンスが起こる
ヒメテントウ類	アブラムシ類 ハダニ類	・クロヘリヒメテントウやコクロヒメテントウなどヒメテントウ属の小形のテントウムシが、夏期にアブラムシの有力天敵として働く。後者はハダニも食する
ヒメコバチ類	ハモグリバエ類	・ハモグリミドリヒメコバチはマメハモグリバエの有力な土着天敵として知れる

あれば、天敵を温存した手法を採用できる。

(2) 使える農薬と使用上の注意点

防除する方法なので、天敵に影響が大きい殺虫剤やダニ剤の使用はひかえる。たとえば、キャベツで有効な選択性殺虫剤であるネオニコチル系や脱皮阻害剤は、ヒメハナカメムシに悪影響があり使用できない。使用するダニ剤はハダニに対する抵抗性の問題もあるので、年一～二回の使用とし、三～四タイプのダニ剤を輪番で使用する。

これらのハダニ対策を行なうと、七月以降に問題になるチャノホコリダニの被害も回避できる。

コナジラミ類は防除を行なわなくても大きな問題になることはないが、ハダニ類、チャノホコリダニ、マメコガネ、オニジュウヤホシテントウは天敵類による抑圧がむずかしい害虫である。ハダニ類やチャノホコリダニに対する有力な天敵がナスでは期待できないので、月に一度の割合で選択性ダニ剤を散布する。

この防除法は天敵を温存して害虫を

(3) 土着天敵を利用した防除の実際

薬剤の処理手順は表1のとおりである。

① 定植前の防除

過剰な防除は必要としない。ハダニ

表2 露地ナスで土着天敵を活かした防除に使える殺虫剤と使用上の注意*

農薬名	対象害虫	薬剤の特徴
アドマイヤー水和剤**	アブラムシ類 ミナミキイロアザミウマ	・約2カ月残効期間があり，その間ヒメハナカメムシに影響がある。5月以前の定植の場合に向く
モスピラン粒剤** アルバリン粒剤 スタークル粒剤	アブラムシ類 ミナミキイロアザミウマ	・約1カ月残効期間があり，その間ヒメハナカメムシに影響がある。6月定植の場合に向く
ラノー乳剤	ミナミキイロアザミウマ オンシツコナジラミ	・IGR剤で遅効的。カイコに毒性が高く，関西以西でしか販売されていない
コテツフロアブル	ミナミキイロアザミウマ，ハスモンヨトウ，オオタバコガ，ハダニ，チャノホコリダニ	・施設では14日程度の影響があるが，露地ナス栽培ではヒメハナカメムシへの影響は少ない ・寄生蜂に対する影響が若干あり，連続散布は避ける
チェス水和剤	アブラムシ類 オンシツコナジラミ	・露地ナス栽培ではヒメハナカメムシへの影響は認められない
トリガード液剤	マメハモグリバエ	・クサカゲロウに悪影響があるが，天敵としてのクサカゲロウの効果は不明
コロマイト水和剤	ハダニ	・露地ナス栽培では寄生蜂への影響は少ない ・カブリダニに影響の可能性があるが，使用時にハダニにリサージェンスがない
エイカロール乳剤	ハダニ，チャノホコリダニ	・カブリダニに影響の可能性があるものが，使用時にハダニのリサージェンスがない。収穫期には使用しない
オサダン水和剤	ハダニ，チャノホコリダニ	・薬害は少ない
アプロード水和剤	オンシツコナジラミ チャノホコリダニ	・多発時の効果は劣る
BT剤***	オオタバコガ ハスモンヨトウ	・若齢期に使用する。残効性は短い。JASに適合（JAS法上，有機農産物に散布しても農薬散布にはカウントされない）した剤である

注）＊多くの脱皮阻害剤，スピノエース，マトリック，トルネード，アファームの各剤については評価は行なっていない
　　＊＊他のネオニコチル系剤と同様に，散布剤はヒメハナカメムシに悪影響が大きい
　　＊＊＊デルフィン，エスマルク，フローバック，ガードジェット，クオーク，レピターム，トアローCT，ゼンターリなどの商品がある

②定植時の防除

土着天敵が出現し活躍するには時間がかかるので（埼玉では七月に入ってから），それまでに発生するアブラムシなどの害虫はネオニコチル系殺虫剤の粒剤を，定植時に処理して防除する。ネオニコチル系粒剤もヒメハナカメムシなどの天敵に悪影響を与えるので，定植時の処理は天敵が活躍しない時期のみをカバーするように薬剤を選択する。すなわち，五月定植で，天敵の出現が七月の場合はアドマイヤー粒剤を，六月定植の地方では

やチャノホコリダニに対してはエイカロール乳剤を，ミカンキイロアザミウマなどの害虫に対してはDDVP乳剤を必要に応じて散布する。

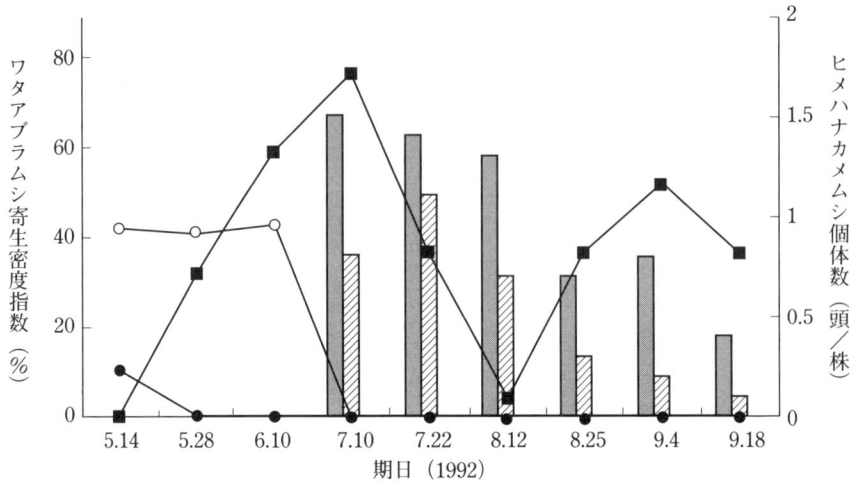

図3 アドマイヤー粒剤処理でワタアブラムシの発生をおさえヒメハナカメムシを温存する

(5〜6月はヒメハナカメムシが発生していないが、その時期はアドマイヤー粒剤がカバーする)
＊■発生がないので図中にはない

て、残効が短いモスピラン粒剤を選択し、天敵への影響を回避する（図3）。

③定植後の防除

その後は、表3にしたがい月に一度の割合で天敵類に影響の少ないダニ剤を散布する。ナスでおすすめは、コテツ、コロマイト、オサダンなど。チャノホコリダニなどの発生が多いときには、散布間隔を若干短くしてもよい。

オオニジュウヤホシテントウ（テントウムシダマシ）発生時には、アプロード水和剤によるオンシツコナジラミとの同時防除が可能である。マメコガネ発生時には、DDVP乳剤によりアブラムシとの同時防除が可能である。

(4) 土着天敵を増やす工夫

天敵はナス畑で越冬できないので、定植後に周辺から移動定着する。

表3　ナスでの土着天敵を活かす防除手順

処理時期		処理薬剤	濃度または処理量	対象害虫
育苗期後半		エイカロール乳剤	2,000倍	
定植時*	4〜5月定植	アドマイヤー粒剤	1g/株 植え穴土壌混和	ミナミキイロアザミウマ、アブラムシ
	6月定植	モスピラン粒剤 アルバリン粒剤 スタークル粒剤		
前処理1カ月後		コロマイト水和剤	2,000倍	ハダニ類、マメハモグリバエ
前処理1カ月後		コテツフロアブル	2,000倍	オオタバコガ、ハスモンヨトウ、ハダニ類、チャノホコリダニ、ミナミキイロアザミウマ、ミカンキイロアザミウマ
前処理1カ月後		コロマイト水和剤	2,000倍	ハダニ類、マメハモグリバエ
前処理1カ月後		コテツフロアブル	2,000倍	オオタバコガ、ハスモンヨトウ、ハダニ類、チャノホコリダニ、ミナミキイロアザミウマ、ミカンキイロアザミウマ

注　1）＊ここで使われる同系統の他の薬剤については、天敵への悪影響がないことを確認していない
　　2）アブラムシ発生時はチェス水和剤2,000〜3,000倍液を散布する

ナスでの有力な土着天敵はヒメハナカメムシで、春早い時期にはシロツメクサ（白クローバー）でよく採集される。シロツメクサはヒメハナカメムシに住みかとエサを供給するなど、ナスのコンパニオンプランツになっており、相性がよい。ヒメハナカメムシを温存するため、翌年のナスの定植予定地またはその周囲に、シロツメクサを栽培しておくとよい。

シロツメクサに代わるコンパニオンプランツとしては、トウモロコシも利用できる。トウモロコシは、早生、中生、晩生と栽培し、開花期が長くなるように工夫し、ナス畑の周囲に植えると、トウモロコシは天敵に住みかとエサを提供するために植えるので、殺虫剤は散布しない。

埼玉県児玉郡のK町はナスの産地として知られている。この地区では、多いときには延べ六六回、殺虫剤や殺菌剤をしていた。ここのKさんは、天敵を温存した防除法に変え、延べ散布回数を、以前のほぼ四分の一以下に下げることに成功した。

（根本　久）

露地栽培

キャベツ

(1) 対象害虫・主要天敵と防除のポイント

① キャベツで問題になる害虫

キャベツに発生する害虫には、アオムシ（モンシロチョウ）、ハイマダラノメイガ、ヤガ類（タマナギンウワバ、ハスモンヨトウ、シロイチモジヨトウ、ヨトウガ、オオタバコガ、カブラヤガ、タマナヤガ）、コナガ、アブラムシ類（ダイコンアブラムシ、ニセダイコンアブラムシ、モモアカアブラムシ）、キスジノミハムシなどがある。

このうち、春から夏にかけて収穫する作型では、モンシロチョウ、コナガ、ダイコンアブラムシやモモアカアブラムシが問題になるが、秋冬取りの作型ではハスモンヨトウやダイコンシンクイムシ（ハイマダラノメイガ）、オオタバコガ、ニセダイコンアブラムシが、タマナギンウワバは主に高冷地で問題になる。ハイマダラノメイガは夏から秋にかけての雨の少ないときに発生する。

これらの害虫は防除しなければ減収になり、皆殺しタイプの殺虫剤で防除すると天敵が死んでしまい、コナガ、オオタバコガやハスモンヨトウが多発してしまう。

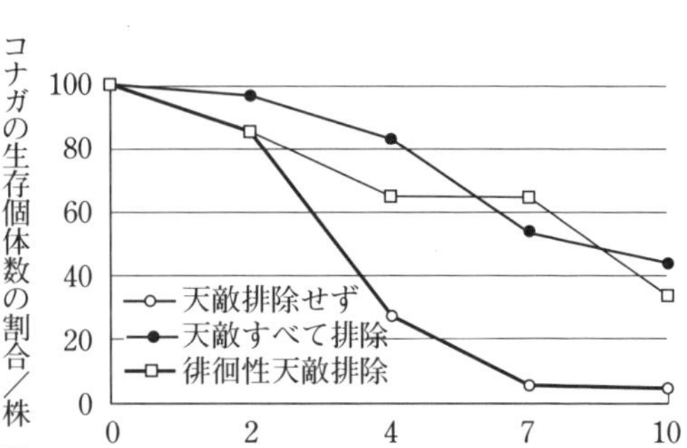

② 主な天敵と防除のポイント

天敵が多くいる地域では、無防除の畑ではクモなどの天敵が働いて、コナガ、オオタバコガ、ハスモンヨトウの被害は少ない。コナガの死亡要因は地上徘徊性の捕食天敵が主で（図1）、それらは若齢期のハスモンヨトウも捕

図1　コナガ幼虫個体数減少への徘徊性天敵の役割

70

食する。

　しかし、春の温度が上がらない時期はそれらの捕食者の活動が活発でないことがあり、害虫の被害を受けにくい品種を用いるなどの対策も必要である。また、長年皆殺しタイプの殺虫剤を散布しつづけている地域では、天敵を殺さないように配慮しても、天敵が貧弱になっていて、そのままでは土着天敵を活用することはむずかしい。その場合は、天敵を温存する植物を利用する。

　キャベツ畑には、クモ類、ゴミムシ類（図2）、ハサミムシ類、ハンミョウなど地上徘徊性の捕食天敵がいるが、クモ類がもっとも薬剤の影響を受けやすく、天敵としても重要であることがわかっている。キャベツ畑に生息するクモ類は草原性のクモ類が主で、カニグモ、ハエトリグモ、コモリグモ、フクログモ、コサラグモなどのグループが多い。

図2　コナガの終齢幼虫を捕食中のハエトリグモ

(2) 防除の実際

① 防除の手順と農薬の選択

　表1に、天敵を利用した防除の手順を示した。この方法で防除すれば、土着天敵が働いてくれるので、慣行防除では八〜一〇回の散布回数を半分以下にすることが可能である。

　春から初夏に収穫する作型ではモンシロチョウ、コナガ、ダイコンアブラムシやモモアカアブラムシが問題になるが、秋冬取りの作型ではハスモンヨトウやダイコンシンクイムシ（ハイマダラノメイガ）、オオタバコガ、ニセダイコンアブラムシが問題になる。

　モンシロチョウやアブラムシ類は殺虫剤をかけないと被害が出てしまうが、コナガは殺虫剤をかけないほうが発生が少なく、ペルメトリンなど非選択性の殺虫剤散布区で個体数が増加す

表1 キャベツでの土着天敵を活かす薬剤の処理手順

処理時期	処理薬剤	濃度または処理量	備考
育苗期	オルトラン粒剤の株元施用	6kg/10aの株元施用	
定植時	オルトラン粒剤 またはオンコル粒剤	6kg/10aの株元施用	
3～4週間後	カスケード乳剤[*1] またはノーモルト乳剤[*1]	2,000倍	アブラムシ発生時はモスピラン水溶剤を加用する
2～3週間後	BT剤[*2]	1,000～2,000倍	発生に応じて割愛できる
2～3週間後	コテツフロアブル またはアファーム乳剤 またはスピノエース[*3]水和剤	2,000倍	アブラムシ多発時はパダンSGに替える
2～3週間後	BT剤[*2]	1,000～2,000倍	発生に応じて割愛できる

注)[*1]：登録がある他の脱皮阻害剤と交換できる
　　[*2]：多くのBT剤が登録されている。巻末付録3参照
　　[*3]：含有量の異なる複数の剤型が登録されている

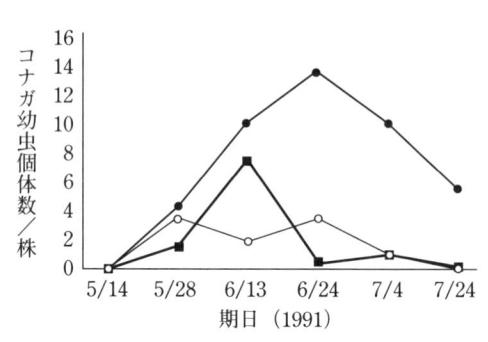

図3 選択性殺虫剤を用いたキャベツのコナガの防除

選択性殺虫剤処理：定植時オンコル，4週後ノーモルト，その2週間後BT剤（アブラムシの発生時はモスピラン水溶剤をBT剤に加用する），その2週間後ノーモルト，その2週間後BT剤（アブラムシの発生時はモスピラン水溶剤をBT剤に加用する）

ることが多い（図3）。そこで、コナガやハスモンヨトウは天敵の力を借りておさえ、天敵でおさえられないモンシロチョウやダイコンシンクイムシは殺虫剤でたたく。チョウ目害虫には、スケード、マッチ、アタブロンおよびBT剤（巻末付録3）、パダンやエビセクト、コテツフロアブルの中から選択する。また、アブラムシ対策には、パダンSGおよびモスピラン水溶剤がない脱皮阻害剤ノーモルト、カスケードなどの天敵類には悪影響がよい（表2）。

表2 キャベツの天敵利用で使える殺虫剤と使用上の注意

農薬名	対象害虫	薬剤の特徴
ヨトウコンS	シロイチモジヨトウ	・10ha以上の集団化した畑に設置する ・30ha以上の集団化した畑に設置するとハスモンヨトウとの同時防除可能
コナガコン-プラス	コナガ	・5ha以上の集団化した畑に設置する
コナガコン	コナガ オオタバコガ	・コナガでは5ha以上の集団化した畑に設置する ・最低処理面積は未定
マトリック水和剤	ハスモンヨトウ	・脱皮ホルモン作用を示すIGR剤。クモ類に悪影響がない
ノーモルト乳剤*1	アオムシ コナガ ヨトウムシ ハスモンヨトウ タマナギンウワバ オオタバコガ	・脱皮阻害作用を示すIGR剤。クモ類に悪影響がない
カスケード乳剤*1	〃	〃
アタブロン乳剤*1	〃	〃
マッチ乳剤*2*3	〃	〃
コテツ水和剤	〃	〃
トルネード*1*3	〃	〃
アファーム水和剤*1*3	〃	〃
スピノエース水和剤*4	〃	〃
BT水和剤*5		・若齢期に使用する。残効が短い。クモに悪影響がない
エビセクト水和剤	アオムシ コナガ アブラムシ	・アブラムシ対策の殺虫剤。クモ類への悪影響期間が短い。この3剤から選択する場合は、3剤から1剤だけを選定し、1作で1回のみの使用とする
ハダンSG水溶剤	〃	〃
モスピラン水溶剤	〃	〃
DDVP乳剤	ハイマダラノメイガ アブラムシ類他多数	・天敵に悪影響はあるものの,影響期間は短い
オンコル粒剤	アオムシ コナガ アブラムシ	・定植苗についたアオムシ,コナガ,アブラムシ対策,または,これら害虫の初期定着の防止の殺虫剤。クモ類への悪影響がない
ガゼット粒剤	〃	〃
アクタラ粒剤	〃	〃
アルバリン粒剤	〃	〃
スタークル粒剤	〃	〃

注) *1 オオタバコガを除く
 *2 オオタバコガ,タマナギンウワバを除く
 *3 ハイマダラノメイガに登録あり
 *4 ハスモンヨトウ,オオタバコガを除く
 *5 ハスモンヨトウ,タマナギンウワバを除いた害虫の種類は商品により異なる

② 病害対策と殺菌剤の天敵への影響

病害は、症状を認めてから薬剤を散布しても遅いことが多く、予防を中心に対策を立てる。黒腐れ病は、アブラナ科野菜を連作すると発生しやすいので連作をさける。育苗床は排水のよいところを選び、苗立枯れ病を予防する。また、緑肥作物を導入して土壌改良したり、水はけや風通しをよくして病気の発生を予防する。

なお、病害対策の薬剤は、キャベツ畑の重要な天敵クモ類に悪影響は認められないので、通常の防除と同様に使用できる。

(3) 土着天敵が少ない場合の対策

① クローバーで土着天敵を増やす

非選択性殺虫剤中心の防除体系を採用している地域で、なにも工夫せずに土着天敵を期待した防除に切り替えることはむずかしい。

土着天敵を増やす手法としては、翌年の春にキャベツを定植する予定の畑の周囲にクローバー（シロツメクサ）を、前年の十一月以前に播種しておく。これは、一種のバンカープランツで、ゴミムシ（図4）やクモ類といった捕食天敵が増える。こうして、土着天敵を増やしてから、選択性殺虫剤の利用体系に切り替える。クローバーは春になって播種すると、雑草に負けてしまうので、秋のうちに播種しておく。

② コナガ抵抗性品種の利用

また、天敵の活躍が鈍い時期に、選択性殺虫剤と組み合わせる方法がある。六月下旬から七月の時期は、コナガの発生個体数と天敵の個体数を比較すると、天敵の密度は低く、天敵と選択性薬剤の力だけではコナガの被害が出てしまう。その対策として、この時期に作付けするときは、コナガ抵抗性品種を利用するとよい。コナガの密度を少なくできる品種は『一号甘藍』（タキイ種苗）、『新星』（トーホク）、『YR錦秋』（増田採種場）、『YR藍宝』（日本農林社）などである（表3）。し

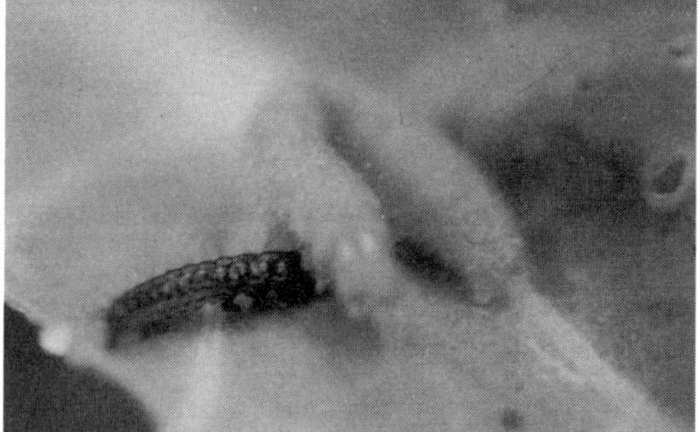

図4　クローバーを配置すると増えるゴミムシの幼虫（モンシロチョウの幼虫を捕食中）

表3　選択性殺虫剤散布とキャベツ品種の病害虫被害

品種名	定植期 (中間期)	収穫期 (中間地)	収量	害虫被害	病気被害 (黒腐病)
一号甘藍	12−3月	6−7月	○	○−△	○−△
新星	4月	6−7月	○	○	○
YR錦秋	3−4月	6−7月	△	○−△	×
YR藍宝	4月	6−7月	○	○−△	○−△
中早生三号	3−4月	6−7月上旬	△	△−×	○−△
金系201号	3−4月	6−7月上旬	○−△	○−△	○−△

注　1) ○：良好，△：やや良くない，×：不良
　　2) 新星はコナガに抵抗性を示すが，モンシロチョウがつきやすいので選択性殺虫剤と組み合わせて使う

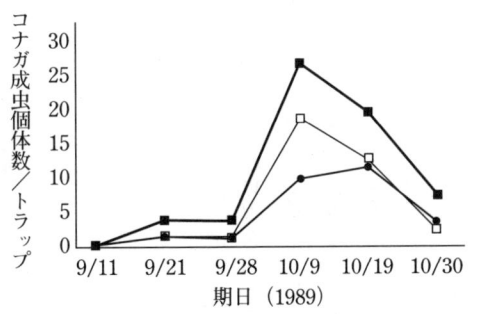

図5　非選択性殺虫剤と組み合わせると交信かく乱剤の効果が落ちる
交信かく乱剤と殺虫剤を用いたコナガの防除

③交信かく乱剤利用での防除方法

ヨトウコンSやコナガコンといった交信かく乱剤を利用したハスモンヨトウやコナガの防除も、天敵類が少ないときの防除手法として活用できる。しかし、モンシロチョウには抵抗性はないので、選択性殺虫剤と併用して使用することをすすめる。

しかし、この場合も、交信かく乱剤と非選択性殺虫剤を組み合わせたのでは、交信かく乱剤単独よりも効果が落ちてしまう（図5）。選択性殺虫剤は、交信かく乱剤や土着天敵では防げない害虫を中心に防除することが大切である。

交信かく乱剤は、天敵相が貧弱なときに発生するコナガやシロイチモジヨトウ対策に使用するが、交信かく乱剤で防除できない害虫には前出の表1の防除体系を採用する。コナガやシロイチモジヨトウの問題がなくなったら、交信かく乱剤の利用は中止してよい。

（根本　久）

ブロッコリー

露地栽培

(1) 対象害虫・主要天敵と防除のポイント

①ブロッコリーで問題になる害虫

春から初夏に収穫する作型では、コナガやアオムシ（モンシロチョウ）が問題になり、秋冬取りではハスモンヨトウ、シロイチモジヨトウやダイコンシンクイムシ（ハイマダラノメイガ）が発生する。

以下、関東地方での秋冬取りで発生する害虫防除について解説する。

育苗期から定植後の幼苗期には、アブラムシ、ダイコンシンクイムシ、アオムシの被害が問題になる。ダイコンシンクイムシは生長点を加害する害虫で、発生が多いと壊滅的な被害になる。雨が少ない年の夏に発生が多く、ハウスでセルトレイなどを用いて育苗すると発生が多くなる。アオムシは秋には大きな問題になることは少ない。秋口以降はハスモンヨトウが大きな被害をもたらすことがある。

②防除のポイントと主な天敵

幼苗期に問題になるアブラムシ、ダイコンシンクイムシ、アオムシは、寒冷紗被覆によって被害を回避することは可能だが、規模が大きくなる本圃では現実的ではない。また、アブラムシ、ダイコンシンクイムシ、アブラムシの天敵には、テントウムシ、ショクガタマバエ、ゴミムシやアブラバチなどがいるが、これらに害虫の完全な抑制を期待することはできない。そこで、育苗期に殺虫剤処理をしたり、定植時に粒剤を植え穴処理して防除する。

無防除の畑では、アオムシ、タマナギンウワバ、ヨトウムシ類、アブラムシなどが発生するが、選択性殺虫剤をうまく使い回すと散布回数を減らしても被害は出ない。もちろんこの方法は、畑やその周囲に天敵がいることが条件である。

コナガ、ハスモンヨトウ、シロイチモジヨトウの天敵には、捕食者としてアマガエル、コモリグモ類、ハエトリグモ、ハナグモ、ニセアカムネグモ、ヒメバチ、ヒメコバチなど、天敵微生物では顆粒病、核多角体病、昆虫疫病菌などがある。寄生蜂にはタマゴコバチ、コマユバチ、

76

アブラナ科野菜のブロッコリーでは、捕食者のクモ類がとくに重要である。

なお、ブロッコリーの秋冬取りには有力な天敵が多く、そのうえ収穫期は温度が下がって害虫の発生も少なくなるので、化学農薬を大幅に減らすことができる。寒冷紗被覆を行なえば無農薬栽培も不可能ではない。

(2) 使える農薬と使用上の注意点

ブロッコリーは、ハクサイやキャベツにくらべ登録されている殺虫剤の種類が少ないため、天敵に悪影響が少ない殺虫剤を選ぶ自由度は小さいが、体系を組むうえで問題になるほどではない。

① 重要天敵クモ類に害のない農薬を選ぶ

八月から九月にかけては天敵の活動が盛んになるので、天敵への悪影響が大きい薬剤を多用すると害虫が増える可能性が大きい。しかも、コナガやハスモンヨトウは、これらの薬剤に抵抗性を示すようになっている。

クモ類は卵塊からかえったヨトウ類のコロニーを蹴散らすし、アシナガバチなどの狩りバチが老齢幼虫を捕食するが、合成ピレスロイド剤などを多用すると、これらの天敵がいなくなり、ハスモンヨトウが多発することもある。また、クモ類はコナガの有力な天敵になっているので、メソミルや合成ピレスロイドを多用するとクモ類が影響を受け、コナガが多発することがある（キャベツの図3、72ページ参照）。

したがって、これらの害虫に効果があってクモなどの天敵類には悪影響がないノーモルト、アタブロン、アファーム乳剤、BT剤（巻末付録3）、パダン水溶剤、コテツフロアブルの中から薬剤を選択する。

② アブラムシには定植時の粒剤が効果的

アブラムシ対策にはオルトラン粒剤の定植時処理が有効で、定植後の発生にはモスピラン水溶剤やパダンSG水溶剤で対処する（表1）。

天敵への影響が大きい有機リン剤、カーバメート剤やピレスロイド剤を主体に防除を行なうと、天敵を殺してしまいかえって害虫が多くなるので、たとえ個々の殺虫剤の値段が安くてもトータルでは高くなってしまう。

表1　ブロッコリーの土着天敵を活かした防除で使える殺虫剤と使用上の注意

農薬名	対象害虫	薬剤の特徴
ヨトウコンS	シロイチモジヨトウ	・10ha以上の集団化した畑に設置する ・30ha以上の集団化した畑に設置するとハスモンヨトウとの同時防除可能
コナガコン	コナガ オオタバコガ	・コナガでは5ha以上の集団化した畑に設置する ・最低処理面積は未定
ノーモルト乳剤[*1]	アオムシ コナガ ヨトウムシ ハスモンヨトウ タマナギンウワバ オオタバコガ	・脱皮阻害作用を示すIGR剤。クモ類に悪影響がない
アタブロン乳剤[*1]		
コテツ水和剤		
トルネード[*1*3]		
アファーム水和剤[*1*3]		
BT水和剤[*5]		・若齢期に使用する。残効が短い。クモに悪影響がない
ハダンSG水溶剤 モスピラン水溶剤	アオムシ コナガ アブラムシ	・アブラムシ対策の殺虫剤。クモ類への悪影響期間が短い。この3剤から選択する場合は、3剤から1剤だけを選定し、1作で1回のみの使用とする
DDVP乳剤	ハイマダラノメイガ アブラムシ類他多数	・天敵に悪影響あるものの、影響期間は短い
オルトラン粒剤	ヨトウムシ	・ヨトウムシ対策の剤であるが、アブラムシ対策にヨトウムシと同時防除が可能

注）[*1]オオタバコガを除く
　　[*2]オオタバコガ、タマナギンウワバを除く
　　[*3]ハイマダラノメイガに登録あり
　　[*4]ハスモンヨトウ、オオタバコガを除く
　　[*5]ハスモンヨトウ、タマナギンウワバを除いた害虫の種類は商品により異なる

表2　ブロッコリーで土着天敵を利用した防除の手順

処理時期	処理薬剤	濃度または処理量	備考
育苗期	オルトラン粒剤の株元施用	6kg/10aの株元施用	
定植時	オルトラン粒剤 またはオンコル粒剤	6kg/10aの株元施用	
3〜4週間後	カスケード乳剤 またはノーモルト乳剤[*1]	2,000倍	アブラムシ発生時はモスピラン水溶剤を加用する
2〜3週間後	BT剤[*2]	1,000〜2,000倍	発生に応じて割愛できる
2〜3週間後	コテツフロアブル またはアファーム乳剤 またはスピノエース[*3]水和剤	2,000倍	アブラムシ多発時はパダンSG水溶剤に替える
2〜3週間後	BT剤[*2]	1,000〜2,000倍	発生に応じて割愛できる

注）[*1]：登録がある他の脱皮阻害剤と交換できる
　　[*2]：多くのBT剤が登録されている。巻末付録3参照
　　[*3]：含有量の異なる複数の剤型が登録されている

(3) 防除の実際

① 防除の手順と耕種的対策

ブロッコリーでの天敵を活かした防除の手順を表2に示した。この方法で、慣行の農薬使用量を半減できる。

図1 ブロッコリー畑周辺に配置したクローバー

育苗中にはアブラムシ、アオムシ、ハイマダラノメイガ、ハスモンヨトウなどが発生するので、対策としてタフベルや寒冷紗などでトンネル状に被覆したり、被覆資材でそれらが侵入しないようにしたハウスで栽培するなどの対策を行なう。また、定植間近の時期に、オルトラン粒剤を苗の株元に処理して予防する。

また、キャベツと同様に、畑の土着天敵を増やす手法としては、翌年の春にブロッコリーを定植する予定の畑の周囲または畝間にクローバー（シロツメクサ）を、前年の秋に播種しておく（図1）。これは、一種のバンカープランツで、ゴミムシやクモ類といった捕食者を増やすことができる。

また、アシナガバチが巣をつくる生け垣などの生息場所も確保できるとよ

② 土着天敵を増やす手立て

播種は病気のない用土や播種床に行ない、健全な苗を育てることが基本である。苗は軟弱徒長させないよう栽植密度に注意し、加湿や乾燥を避ける。排水の悪い圃場に作付けする場合は、高畝栽培や明渠を設置して排水対策を行なう。

なお、病害対策の薬剤は、ブロッコリー畑の重要な天敵クモ類に悪影響は認められないので、通常の防除と同様に使用できる。

③ 病害対策と天敵への薬剤の影響

（根本 久）

ハクサイ

露地栽培

天敵に位置づけられる。

(1) 対象害虫と土着天敵

露地栽培のハクサイで問題となる主な害虫は、コナガ、モンシロチョウ、ウワバ類（図1）、ヨトウガ類（図2）およびアブラムシ類である。ただし、露地栽培であるため、これらの害虫に放飼などの方法で積極的に天敵を利用することは困難である。天敵の利用としては、土着天敵を温存し、その能力を活用することになる。

表1に主な土着天敵をあげた。これらの土着天敵のうち、ゴミムシ類、クモ類などの捕食性天敵は対象害虫の種類が多いことなどからもっとも重要な

(2) 土着天敵に影響の少ない防除剤と特徴

① コナガへの交信かく乱剤の活用

害虫防除は、これら多くの土着天敵に影響をしない方法をとる必要がある。そのひとつに、性フェロモン剤を利用した交信かく乱による防除方法があげられる。

ハクサイの最重要害虫はコナガである。コナガの防除には、交信かく乱剤のコナガコンが利用できる。コナガコンを圃場に規定量均一に処理すると、

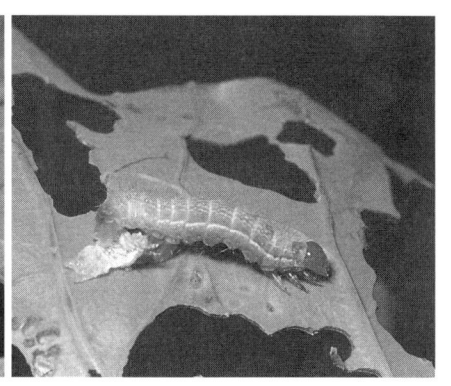

図2 ヨトウガ幼虫

図1 タマナギンウワバ幼虫

80

表1 ハクサイの主な害虫とその土着天敵

害虫名	発育ステージ	土着天敵
コナガ	卵	キイロタマゴバチ
	幼虫	コナガサムライコマユバチ，コナガヒメコバチ，ニホンコナガヤドリチビアメバチ，ヒメハナカメムシ類，サシガメ類，ゴミムシ類，徘徊性クモ類，コナガ顆粒病ウイルス，ボーベリア・バシアーナ
	蛹	コナガチビヒメバチ
モンシロチョウ	幼虫	アオムシコマユバチ，アシナガバチ類，サシガメ類，ゴミムシ類，徘徊性クモ類
ウワバ類 ヨトウガ類	卵 幼虫	キイロタマゴバチ サシガメ類，ゴミムシ類，徘徊性クモ類，アシナガバチ類
アブラムシ類		ナナホシテントウ，ナミテントウ，ヒメカメノコテントウ，クサカゲロウ類，アブラバチ類，バーティシリウム・レカニ

コナガの交尾行動が阻害され、次世代の幼虫個体数を抑制することができる。ただし、交信かく乱効果を上げるには、三ヘクタール以上の大面積にコナガコンを処理しなければならない。

また、処理区域の周縁や風上側、傾斜地形の上部などでは空気中のフェロモン濃度が低下しやすい。それらの場所ではコナガコンを多めに配置したり、防風対策やソルガム、デントコーンなどの障壁作物の利用など、効果を高める工夫が必要になる。障壁作物の利用は、土着天敵の温存にも有効である。小面積ではフェロモン濃度低下の影響が大きくなりやすく、さらに処理区域以外で交尾をすませた雌成虫が、コナガコン処理区内に侵入する機会が多くなり受精卵を産卵してしまうため防除効果が上がりにくい。

一方で、一ヘクタール程度の面積でも、周囲が森や構造物などで遮断されている圃場では、効果が現れることもある。したがって、使用する場合は、圃場の環境条件にも留意する必要がある。

交信かく乱剤の有効期間は、処理後三カ月から三・五カ月程度である。ただし、使用期間中に極端に暑い時期が続くと、フェロモン有効成分の揮散が激しくなり、有効期間は短くなる。したがって、交信かく乱剤使用が夏期の高温期にまたがるときは、交信かく乱剤の追加処理が必要な場合もある。

②育苗期や定植時の粒剤処理

育苗中にすでに産卵されている苗を圃場に定植すると、交信かく乱による防除効果は低下する。また、交信かく乱剤は特定の対象害虫しか効果がなく、コナガコンは、コナガとオオタバコガの二種類の交信かく乱のみに有効

表2 土着天敵に比較的影響の少ないハクサイに登録がある土壌処理剤

薬剤名	商品名	対象害虫	処理量	処理方法
エチルチオメトン粒剤	ダイシストン粒剤 TD粒剤	アブラムシ類	1～2g/株	植え穴土壌混和
ベンフラカルブ粒剤	オンコル粒剤5	アブラムシ類	1g/株 2g/株	育苗期後半株元散布 植え穴土壌混和
		コナガ	1g/株	育苗期後半株元散布
		アオムシ	1～2g/株	株元散布または植え穴土壌混和
カルボスルファン粒剤	ガゼット粒剤	アブラムシ類	1～2g/株 2g/株	育苗期後半株元散布 定植時株元散布または植え穴土壌混和
		コナガ	1～2g/株	育苗期後半株元散布 定植時株元散布または植え穴土壌混和
アセタミプリド粒剤	モスピラン粒剤	アブラムシ類 コナガ アオムシ	0.5g/株 1g/株	定植前日～当日株元散布 植え穴土壌混和
アセフェート粒剤	オルトラン粒剤	アブラムシ類 コナガ ヨトウムシ アオムシ	1～2g/株	植穴散布および生育期株元散布
ベンフラカルブマイクロカプセル剤	オンコルマイクロカプセル	コナガ	100倍	灌注
ダイアジノン・ベンフラカルブ粒剤	オンダイアエース粒剤	アブラムシ類 コナガ アオムシ	2g/株	植え穴土壌混和
ジノテフラン粒剤	スタークル粒剤 アルバリン粒剤	アブラムシ類 コナガ アオムシ	2g/株 3g/株	植え穴土壌混和 植え穴土壌混和

である。

定植時の粒剤の植え穴の処理は、苗由来の害虫や交信かく乱剤で防除できない害虫を防除するために重要な防除方法である。最近は、育苗期後半のセル苗株元処理や灌注処理など、省力的な方法が開発されてきている。

これらの薬剤処理は、土着天敵への影響がほとんどなく、天敵温存にも有効である。ハクサイで利用できる主な粒剤を表2に示した。

(3) 交信かく乱剤を利用した防除の実際

① 交信かく乱剤処理は早い作型にあわせる

コナガの発生が増えてから交信かく乱剤の処理を行なっても、防除効果は期待できない。最適な処理時期は、対象とする区域内のもっとも早い作型の

交信かく乱剤	害虫名	定植	外葉形成期（約4週間）	結球始期	結球期（約4週間）	収穫期
利用する場合	チョウ目害虫（コナガ，モンシロチョウ，ウワバ類，ヨトウガ類）	コナガコン処理／育苗期後半or定植時粒剤処理		▼ 生長点保護用殺虫剤散布	▼▼ 結球部保護用殺虫剤散布	
	アブラムシ類	育苗期後半or定植時粒剤処理		▼ 発生していた場合	▼	
利用しない場合	チョウ目害虫（コナガ，モンシロチョウ，ウワバ類，ヨトウガ類）	育苗期後半or定植時粒剤処理	▼▼ 生長点保護用殺虫剤散布		▼▼▼ 結球部保護用殺虫剤散布	
	アブラムシ類	育苗期後半or定植時粒剤処理		▼ 発生していた場合	▼	

図3　ハクサイでの土着天敵を活かした防除体系

▼：薬剤散布

注　1）チョウ目害虫対象の生育期散布剤は，表3の中から選択する

2）アブラムシ類対象の殺虫剤は土着天敵に影響の大きいものが多いので，発見を見極めてから使う

定植前後である。

②定植時の粒剤は三～四週間の効果

ハクサイの定植には、育苗期後半や定植時に粒剤を使用し、育苗期間中に発生した害虫の圃場への持ち込みをなくす。

こうすると、定植から三～四週間は各種チョウ目害虫やアブラムシ類の密度を抑制し、ハクサイの生長点を保護することが可能である。

③その後は選択性殺虫剤で

粒剤の有効期間後、ハクサイの在圃期間は四〇日程度である。この期間は土着天敵に影響の少ない、BT剤やIGR剤などの選択性殺虫剤を散布すると、チョウ目害虫については高い防除効果が期待できる。

④ アブラムシは発生を見極めて防除

BT剤やIGR剤はアブラムシ類に対する防除効果がないため、アブラムシ類の発生に注意する必要がある。アブラムシ類に効果の高い殺虫剤の多くは、土着天敵に影響を及ぼす。

したがって、圃場でアブラムシ類の発生を見極めたうえで、防除が必要な場合のみ散布するようにこころがける。ハクサイに使用でき、天敵に対して比較的影響の少ない殺虫剤を表3に示した。

アブラムシ類が部分的に発生した場合は、その部分だけにスポット散布することが効果的である。スポット散布は、天敵相に影響のある薬剤であっても、圃場全体の土着天敵への影響は少ない。

(4) 交信かく乱剤が利用できない場合の防除の実際

圃場の規模が小さいなどの理由で、交信かく乱剤を利用できない場合、防除は殺虫剤の利用が中心となる。

育苗期後半あるいは定植時の粒剤処理は必ず行なう。交信かく乱剤を利用する場合でも述べたが、粒剤の土壌処理は土着天敵への影響がほとんどなく、ハクサイ生育初期の防除効果が高いので、規定量をきちんと処理する。

粒剤の効果がなくなった後に発生し始めるチョウ目害虫の発育ステージは、ほとんどが若齢幼虫でそろっている。したがって、若齢幼虫期に効果の高いBT剤は、この時期に使用すると効果的である。

ただし、BT剤はアブラムシ類に対する殺虫効果がないので、アブラムシ類の発生がないかを見極める。アブラムシ類が発生した場合は、前項同様に防除する。その後使用する薬剤もできるだけ選択性殺虫剤を使用する。

(5) 発生予察で効果的な防除を

より効果的な防除を行なうために簡単な予察方法としては、フェロモントラップを利用した方法がある。現在、ハクサイに発生する害虫で、発生予察用フェロモン誘引剤が販売されているのは、コナガ、ヨトウガ、ハスモンヨトウである。これらの害虫については、地域の指導機関でトラップを設置して発生消長のデータを保有しているところがあるので、それらの機関から出される情報を利用することができる。

ただし、交信かく乱剤を処理した地

表3 土着天敵に比較的影響の少ないハクサイに登録がある生育期殺虫剤

対象害虫	薬剤名	使用上の注意点
コナガ	BT水和剤（エスマルクDF、ガードジェット水和剤・フロアブル、クオークフロアブル、ゼンターリ顆粒水和剤、チューンアップ顆粒水和剤、ツービートDF、トアローフロアブルCT、バイオッシュフロアブル、フローバックDF、レピタームフロアブル）	若齢幼虫に対する効果が高いので、発生初期に使用する
	IGR剤 クロルフルアズロン乳剤（アタブロン乳剤） テフルベンズロン乳剤（ノーモルト乳剤） フルフェノクスロン乳剤（カスケード乳剤） ルフェヌロン乳剤（マッチ乳剤）	いずれの剤もキチン生合成を阻害して幼虫の脱皮時に致死させる。幼虫期に効果があるが、遅効的であるため使用時期に注意する。コナガの感受性が低下している地域もある
	インドキサカルブMP水和剤（トルネードフロアブル）	摂食被害は速やかに停止するが、幼虫の死亡には時間がかかる
	スピノサド水和剤（スピノエース顆粒水和剤）	ヒメハナカメムシ類には影響あり
アオムシ	BT水和剤（エスマルクDF、ガードジェット水和剤・フロアブル、クオークフロアブル、ゼンターリ顆粒水和剤、チューンアップ顆粒水和剤、ツービートDF、トアローフロアブルCT、バイオッシュフロアブル、フローバックDF）	若齢幼虫に対する効果が高いので、発生初期に使用する
	IGR剤 クロルフルアズロン乳剤（アタブロン乳剤） テフルベンズロン乳剤（ノーモルト乳剤） フルフェノクスロン乳剤（カスケード乳剤） ルフェヌロン乳剤（マッチ乳剤）	いずれの剤もキチン生合成を阻害して幼虫の脱皮時に致死させる。幼虫期に効果があるが、遅効的であるため使用時期に注意する。
	インドキサカルブMP水和剤（トルネードフロアブル）	摂食被害は速やかに停止するが、幼虫の死亡には時間がかかる
	スピノサド水和剤（スピノエース顆粒水和剤）	ヒメハナカメムシ類には影響あり
ヨトウムシ	BT水和剤（エスマルクDF、クオークフロアブル、ゼンターリ顆粒水和剤、フローバックDF、レピタームフロアブル）	若齢幼虫に対する効果が高いので、発生初期に使用する
	IGR剤 クロマフェノジド水和剤（マトリックフロアブル） クロルフルアズロン乳剤（アタブロン乳剤） テフルベンズロン乳剤（ノーモルト乳剤） フルフェノクスロン乳剤（カスケード乳剤）	マトリックは脱皮を促進し、ほかの剤はキチン生合成を阻害して、いずれも脱皮時に致死させる
	インドキサカルブMP水和剤（トルネードフロアブル）	摂食被害は速やかに停止するが、幼虫の死亡には時間がかかる
	スピノサド水和剤（スピノエース顆粒水和剤）	ヒメハナカメムシ類には影響あり
タマナギンウワバ	IGR剤 クロルフルアズロン乳剤（アタブロン乳剤）	キチン生合成を阻害して幼虫の脱皮時に致死させる
オオタバコガ	BT水和剤（エスマルクDF、チューンアップ顆粒水和剤）	若齢幼虫に対する効果が高いので、発生初期に使用する
アブラムシ類	ジノテフラン水溶剤（スタークル・アルバリン顆粒水溶剤）	浸透移行性は高い

域では、フェロモントラップには害虫が誘殺されなくなるので、実際に寄生している害虫を確認することになる。

また、アブラムシ類にはフェロモントラップがない。アブラムシ類の有翅虫は黄色に集まる傾向があるので、黄色粘着トラップを圃場周辺に設置することで、有翅虫の移動時期を把握できる。

(6) もっと土着天敵の活用を

交信かく乱剤を利用し、選択性殺虫剤を中心とした散布をしている地域は、コナガ、モンシロチョウ、アブラムシ類の土着天敵が見られるようになっている。過去にコナガ防除で、幅広い殺虫スペクトラムをもつ合成ピレスロイド剤の散布が中心だった時期があった。しかし、短期間に薬剤抵抗性が高度に発達して、合成ピレスロイド剤

はコナガ防除薬剤から姿を消した。その後、BT剤を中心とする防除に変わった。

近年コナガの発生量がやや少なくなっている。その理由のひとつとして、皆殺し的な殺虫剤の使用が減り、選択性殺虫剤の使用が中心となり、土着天敵が復活し始めたことも考えられる。

土着天敵を活用するには、殺虫剤の使用方法を検討するとともに、圃場周辺にクローバーを植えて天敵の生息場所をつくるなど、土着天敵が活動しやすい圃場環境をつくることも重要である。

（豊嶋　悟郎）

レタス

【露地栽培】

(1) 対象害虫と土着天敵

露地栽培のレタスで問題となる主な害虫は、オオタバコガ（図1、2）、ウワバ類、ヨトウガ類、アブラムシ類およびナモグリバエである。露地栽培では、これらの害虫に放飼などの方法で積極的に天敵を利用することは困難であり、土着天敵を温存し、その能力を活用することになる。

表1に主な土着天敵をあげた。オオタバコガについては、まれに幼虫寄生蜂により寄生された個体が認められる。しかし、レタスに発生するオオタバコガの幼虫は、ふ化直後に結球内部

図2 オオタバコガ幼虫の被害

図1 レタスに寄生するオオタバコガの幼虫

表1 レタスの主な害虫とその土着天敵

害虫名	発育ステージ	土着天敵
ウワバ類 ヨトウガ類	卵	キイロタマゴバチ
	幼虫	サシガメ類，ゴミムシ類，徘徊性クモ類，アシナガバチ類
アブラムシ類		ナナホシテントウ，ナミテントウ，ヒメカメノコテントウ，クサカゲロウ類，アブラムシ類，バーティシリウム・レカニ

に食入するため天敵が働きにくい。

したがって、土着天敵による密度抑制を受けにくいオオタバコガの防除対策と、オオタバコガ以外の害虫の土着天敵に対して影響が少ない防除の方法を考える必要がある。

(2) 土着天敵に影響の少ない防除剤と特徴

① オオタバコガの交信かく乱剤の活用

ハクサイのコナガ防除で利用した交信かく乱剤のコナガコンは、オオタバコガに対しても交信かく乱効果があり、防除に利用されている。

圃場に規定量均一に処理することによって、オオタバコガの交尾行動を阻害することができ、次世代の幼虫個体数を抑制することができる。交信かく乱効果を上げるためには、三ヘクタール以上の大面積にコナガコンを処理する必要がある。これ以下の小面積では、圃場の周囲が森や構造物などで遮断されている条件で効果が現われる場合がある。

しかし、オオタバコガの成虫は飛翔

能力が高く、長距離移動する害虫である。そのため、コナガコン処理区域の外で交尾をすませた雌成虫が侵入して受精卵を産卵する可能性が高い。処理面積をできるだけ広くすることが、防除効果を上げるために重要である。

その他の交信かく乱剤利用の留意点については、ハクサイの項（80ページ）を参照されたい。

交信かく乱剤は、それだけでレタスのオオタバコガを完全に防除できるものではない。地域全体のオオタバコガの密度を低い水準に抑え、殺虫剤による防除を容易にするための防除資材である。

②アブラムシ類とナモグリバエの防除も重要

また、レタスではチョウ目害虫以外の、アブラムシ類とナモグリバエの防

図3　交信かく乱剤処理圃場

表2　土着天敵に比較的影響の少ないレタスに登録がある土壌処理剤

薬剤名	商品名	対象害虫	処理量	処理方法
アセタミプリド粒剤	モスピラン粒剤	アブラムシ類 ナモグリバエ	0.25〜0.5g/株 0.5g/株	定植前日〜 当日株元散布
チアメトキサム粒剤	アクタラ粒剤5	アブラムシ類 ナモグリバエ	0.5g/株	育苗期後半株元散布
ニテンピラム粒剤	ベストガード粒剤	ナモグリバエ	1g/株	育苗期後半株元散布
ベンフラカルブマイクロカプセル剤	オンコルマイクロカプセル	ナモグリバエ	100倍	灌注

除も重要となる。これらの害虫は、定植期の粒剤土壌処理で高い効果を期待することができる。レタスで使用できる主な粒剤を表2に示した。

ナモグリバエは、多くの場合レタス育苗期間中に産卵する。育苗中に産み付けられた卵が定植前後にふ化して、本圃で食害痕を絵描き状につける。したがって、育苗圃場の環境整備が重要になる。施設内で育苗している場合は、開口部を防虫ネットで被覆して施設内への成虫の侵入を抑制する。さらに施設内へ黄色粘着トラップを設置して成虫を誘殺し、育苗期間中の産卵を抑制する。

(3) 交信かく乱剤を利用した防除の実際

① 交信かく乱剤処理は七月上旬に

交信かく乱剤の利用には、地域のオオタバコガ発生消長を把握する必要がある。各都道府県の病害虫防除所や農業改良普及センターなどが提供する発生予察情報を利用したり、市販されているオオタバコガの発生予察用フェロモントラップを設置して発生消長を調べる。

一般にオオタバコガは五月下旬から六月上旬にかけて越冬世代成虫が発生し、夏から秋にかけて世代を経るごとに発生量を増加させていく。七月中旬以降定植される夏秋レタスでのオオタバコガの被害は、主に八月上旬から認められるようになる。したがって、交信かく乱剤の圃場への処理は、第一世代成虫が発生する前の七月上旬からとなる。

② 定植時の粒剤処理

育苗期後半あるいは定植時の粒剤処理は必ず行なう。粒剤の土壌処理は土着天敵への影響がほとんどない。育苗期間中に産卵されたナモグリバエ卵の圃場への持ち込みをなくし、定植から三〇日以上アブラムシ類の密度を抑制することができる。

レタスの在圃期間は四五日くらいである。したがって、定植期に粒剤が処理されていれば、アブラムシ類については在圃期間の三分の二以上について発生密度を抑制することが可能である。

③ 食入前のオオタバコガ防除

オオタバコガは、孵化直後にレタス

交信かく乱剤	害虫名	定植―外葉形成期―結球始期――結球期――収穫期 　　　　　(20〜25日間)　　↓　　(20〜25日間)
利用する場合	チョウ目害虫 (オオタバコガ,ウワバ類,ヨトウガ類)	コナガコン処理　　　　　　　▼　　▼ 　　　　　　　　オオタバコガ防除を 　　　　　　　　主目的とした殺虫剤 　　　　　　　　散布
	アブラムシ類	定植時or育苗期後半　粒剤処理　　　　　▼ 発生していた場合
	ナモグリバエ	定植時or育苗期後半　粒剤処理
利用しない場合	チョウ目害虫 (オオタバコガ,ウワバ類,ヨトウガ類)	▼　▼　▼ オオタバコガ防除を 主目的とした殺虫剤 散布
	アブラムシ類	定植時or育苗期後半　粒剤処理　　　　　▼ 発生していた場合
	ナモグリバエ	定植時or育苗期後半　粒剤処理

図4　レタスでの土着天敵を活かした防除体系

▼：薬剤散布

注　1）チョウ目害虫対象の生育期散布剤は，表3の中から選択する
　　2）アブラムシ類対象の生育期散布剤は土着天敵に影響の大きいものが多いので，発見を見極める
　　3）チョウ目害虫対象の最終散布でアブラムシに有効な剤が散布された場合は，アブラムシ対象の散布はしない

の結球内部に食入するため，虫体に直接殺虫剤がかかりにくい。殺虫剤で効果的に防除するには，ふ化した幼虫が結球内部に食入するまでの期間に散布する必要がある。

薬剤散布の最適なタイミングは結球始期一週間前，結球始期，結球始期一週間後の三回であり，それぞれ作用性の異なる殺虫剤を散布する。使用する殺虫剤の種類は，土着天敵に影響の少ないBT剤，IGR剤などの選択性殺虫剤を中心にする。レタスに使用でき，天敵に対して比較的影

表3 土着天敵に比較的影響の少ないレタスに登録がある生育期殺虫剤

対象害虫	薬剤名	使用上の注意点
オオタバコガ	BT水和剤（エスマルクDF，ガードジェット水和剤・フロアブル，ゼンターリ顆粒水和剤，チューンアップ顆粒水和剤，ツービットDF，デルフィン顆粒水和剤）	若齢幼虫に対する効果が高いので，発生初期に使用する
	IGR剤 フルフェノクスロン乳剤（カスケード乳剤） クロマフェノジド水和剤（マトリックフロアブル）	マトリックは脱皮を促進し，カスケードはキチン生合成を阻害して，いずれも脱皮時に致死させる
	インドキサカルブMP水和剤（トルネードフロアブル）	摂食被害は速やかに停止するが，幼虫の死亡には時間がかかる
	スピノサド水和剤（スピノエース顆粒水和剤）	ヒメハナカメムシ類には影響あり
ハスモンヨトウ	BT水和剤（フローバックDF，レピタームフロアブル）	若齢幼虫に対する効果が高いので，発生初期に使用する
	IGR剤 クロルフルアズロン乳剤（アタブロン乳剤） テフルベンズロン乳剤（ノーモルト乳剤） フルフェノクスロン乳剤（カスケード乳剤） クロマフェノジド水和剤（マトリックフロアブル）	マトリックは脱皮を促進し，ほかの剤はキチン生合成を阻害して，いずれも脱皮時に致死させる
	インドキサカルブMP水和剤（トルネードフロアブル）	摂食被害は速やかに停止するが，幼虫の死亡には時間がかかる
ヨトウムシ	スピノサド水和剤（スピノエース顆粒水和剤）	ヒメハナカメムシ類には影響あり
アブラムシ類	ジノテフラン水溶剤（スタークル・アルバリン顆粒水溶剤）	浸透移行性は高い

響の少ない殺虫剤を表3に示した。

アブラムシ類の発生状況によっては、三回目の散布にアブラムシ類にも効果がある有機リン剤、合成ピレスロイド剤、カーバメート剤などを使用する必要がある。これらの殺虫剤は土着天敵への影響を避けられないので、アブラムシ類の発生状況をよく調べて、殺虫剤をスポット散布するようにこころがける。

オオタバコガを防除すると、それ以外のチョウ目害虫の防除も達成できる。

(4) 交信かく乱剤が利用できない場合の防除の実際

圃場の規模が小さいなどの理由で、交信かく乱剤を利用できない場合、防除は殺虫剤の利用が中心となる。殺虫剤による防除方法は、基本的に

交信かく乱剤を利用する場合と同様であるが、交信かく乱によるオオタバコガに対する地域の全体的な密度抑制効果が働かないので、殺虫剤の散布間隔をやや短くしなければならない。

育苗期後半、あるいは定植時の粒剤処理も必ず行なう必要がある。

(5) オオタバコガ発生予察の工夫

前述のように、オオタバコガの発生予察情報は指導機関から入手可能である。ただし、ハクサイのコナガの場合と同様に、交信かく乱剤処理区域ではフェロモントラップによる調査が不可能なため、別の方法を検討する必要がある。

レタスへのオオタバコガの産卵は葉の基部に潜り込んで行なわれることと作物の形状から、圃場のレタスで産卵を確認することは困難である。一方トマトでは、オオタバコガの産卵は生長点付近および蕾の周辺に集中的に行なわれる。したがって、レタス圃場の数カ所にトマトを数株ずつ栽培すれば、その生長点部分と蕾を観察すると産卵時期の特定が可能となる。

交信かく乱剤の利用、育苗期後半およ び定植時の粒剤処理、発生予察にもとづく選択性殺虫剤の散布を行なうことで、土着天敵の能力を利用すると無駄な薬剤散布を軽減できる。今後のレタス害虫の防除は、土着天敵を十分に機能させる方法を考えるべきである。

（豊嶋　悟郎）

ネ　ギ

【露地栽培】

(1) 対象害虫・主要天敵と防除のポイント

① 地上部ではチョウ目害虫が問題

ネギは害虫数が比較的少ない作物である。問題となる害虫は、地上部を加害する害虫が多く、根深ネギではチョウ目害虫とネギアザミウマのウエートが高い。しかし、ネギアザミウマが多発するのは夏で、秋以降はほとんど発生しなくなるので、秋冬取りでは大きな問題ではない。したがって、チョウ目害虫の防除ができれば、地上部害虫の問題はなくなる。

チョウ目害虫はシロイチモジヨトウ（図1）、ハスモンヨトウ、ヨトウガ、シロシタヨトウ、ネギコガ、ヒトリガ類などである。

② 地下部を加害する害虫

地下部を加害する害虫では、ロビンネダニ、タネバエ、コガネムシ類などが問題になる。地下部を加害するネダニは輪作で、タネバエやコガネムシ類は未熟な有機質施用を行なわないことで、その被害を回避する。栽植密度に注意し、加湿や乾燥を避ける。排水の悪い圃場に作付けする場合は、明渠を設置して排水対策を行なう。

図1 ネギの主要害虫シロイチモジヨトウ

(2) 使える農薬と使用上の注意点

チョウ目害虫の登録薬剤は、シロイチモジヨトウとネギコガに集中しており、利用できる生物的防除資材はシロイチモジヨトウ対策のBT剤のみである。ヨトウ類やヒトリガ類での薬剤登録はほとんどないので、シロイチモジヨトウの防除剤の中から選んで同時防除することになる（表1）。

薬剤にはIGR剤やBT剤がある。コテツフロアブルやアファーム乳剤もクモ類などに悪影響が少ない殺虫剤として選択できる。秋冬取りネギは栽培期間が長期にわたり、害虫に対する被害許容密度が高いので、土着天敵が活躍できる可能性が高い。

シロイチモジヨトウ用の交信かく乱剤（フェロモン剤）としてヨトウコンSがある。ネギでシロイチモジヨトウ防除のため使用すると、ハスモンヨトウの被害も減るといわれている。交信かく乱剤は、健康や環境、天敵への影響が殺虫剤にくらべて格段に小さいので、活用したい。

表2に、ネギの環境保全型農業で採用可能な対策を示した。

(3) 天敵を利用した防除の実際

① 土着天敵を活かす防除の手順

表3に、天敵を利用した防除の手順

表1 ネギで選択的に使用が可能と推定される殺虫剤

殺虫剤名	対象害虫	薬剤の特徴
ヨトウコンS	シロイチモジヨトウ	・10ha以上の集団化した畑に設置する ・30ha以上の集団化した畑に設置するとハスモンヨトウとの同時防除可能
マトリック水和剤	シロイチモジヨトウ	・脱皮ホルモン作用を示すIGR剤。クモ類に悪影響がない
ノーモルト乳剤 カスケード乳剤 マッチ乳剤 アタブロン乳剤	シロイチモジヨトウ	・脱皮阻害作用を示すIGR剤。クモ類に悪影響がない
コテツ水和剤 アファーム乳剤	シロイチモジヨトウ	・クモ類に悪影響がない
ゼンターリ水和剤 デルフィン水和剤 レピターム水和剤	シロイチモジヨトウ	・BT剤，若齢期に使用する，残効が短い ・JAS適合（JAS法上，有機農産物に散布しても農薬散布にカウントされない）
モスピラン水和剤	ネギアザミウマ	・ヒメハナカメムシ類や寄生蜂に影響あり ・クモ類に悪影響がない
DDVP乳剤	ヨトウムシ アブラムシ類	・天敵に悪影響あるものの，影響期間は短い（1週間程度）
ベストガード粒剤	ネギハモグリバエ	・ヒメハナカメムシ類や寄生蜂に影響あり ・クモ類に悪影響がない
オンコル粒剤 ガゼット粒剤	ネギアザミウマ ネギコガ ネギハモグリバエ	・クモ類に悪影響がない
ダイアジノン粒剤	タネバエ，コガネムシ類	・天敵に悪影響あるものの，影響期間は短い
カルホス微粒剤	ネキリムシ	・天敵に悪影響あるので，スポット処理とし，必要時以外使用しない

を示した。この方法で防除すれば、土着天敵が働いてくれるので、この方法で慣行の農薬使用量を半減できる。

秋冬取りネギでは、チョウ目害虫がもっとも問題になることはすでに述べたが、ヨトウ類やヒトリガ類は個体数が多くなくても、老齢幼虫は葉の内側にいて糞を葉身内に残すので被害株数は多くなる。これら害虫の天敵は捕食者が中心と思われ、アザミウマやアブラムシ対策に合成ピレスロイド剤など、皆殺しタイプの殺虫剤を多用した場合に多発する。

しかし、秋冬取りネギは夏にネギアザミウマが多発しても、秋以降は大きな問題とはならないので、ネギアザミウマの薬剤防除は行なわない。もしも気になる場合は、株元にオンコル粒剤などを処理する。

残る問題は、ヨトウ類やヒトリガ類であるが、これらに対してはコテツ水

表2 秋冬取りネギで問題となる害虫と有効と思われる環境保全型害虫対策

加害位置	害虫名	有効と思われる対策
地上部	ヨトウ類	土着天敵，選択性殺虫剤散布，交信かく乱剤
	ヒトリガ類	土着天敵
	ネギアザミウマ	土着天敵
	ネギアブラムシ	土着天敵
	ネギコガ	土着天敵
	ネギハモグリバエ	土着天敵
地際部	ネキリムシ	粒剤施用
地下部	ロビンネダニ	輪作
	タネバエ	有機物施用の改善*，粒剤施用
	コガネムシ類	有機物施用の改善*，粒剤施用
	センチュウ類	輪作

*分解過程でこれらの害虫を誘引するので，未熟でなく完熟のものを使用する

和剤、アファーム乳剤、IGR剤で対処する。特別栽培農産物など化学薬剤を使用できない場合は、ゼンターリ、デルフィン、レピタームなどのBT剤にかえることも可能である。

しかし、BT剤を含めた薬剤散布は必須ではなく、無農薬で栽培しているグループ（MOA、大地の会、日本有機農法連盟など）ではまったく化学農薬を使用しなくても立派なネギをつくっている実例もある。

② 交信かく乱剤の利用

ネギ畑を含む一〇ヘクタール以上の円形に近い集団化した圃場に、ヨトウコンSのディスペンサーを一〇アールあたり一〇〇本（ディスペンサーをまとめて四本ずつくくり付けた長さ約八〇センチの棒を二五本/一〇アール）をほぼ均等に設置する（図2）。設置できない土地には、その土地の周辺にその量を設置する。シロイチモジヨトウ対策にはほぼ一〇ヘクタール以上、ハスモンヨトウ対策も兼ねる場合は三〇ヘクタール以上の面積に設置する必要があ

表3 土着天敵を活かした秋冬取りネギの薬剤防除

薬剤の処理時期	薬剤	処理量または倍率
定植時	オンコル粒剤	6kg/10a
シロイチモジヨトウ発生時*	ノーモルト乳剤	2,000倍液
	カスケード乳剤	2,000～4,000倍液
	マッチ乳剤	2,000倍液
	アタブロン乳剤	2,000倍液
	コテツフロアブル	2,000倍液
	アファーム乳剤	1,000～2,000倍液

注 1）*他のヨトウ類やヒトリガ類の発生時にはシロイチモジヨトウとの同時防除を行なう
　　2）アブラムシ発生時にはDDVP乳剤1,000倍液を散布する

る。交信かく乱剤の設置時期は、ネギの定植時期に合わせるのはよくない。フェロモントラップなどによって発生動

向を確認して、低密度時（一日あたり二頭程度の捕虫数になる時期）から設置する。埼玉県の例を示すと、シロイチモジヨトウがネギを加害し始めるのは七月下旬〜九月までで、十月にはいると気温が下がり極端に少なくなってしまう。結局、交尾阻害は七月中旬か

図2 ネギ畑に設置したヨトウコンS

ら九月まででよく、ヨトウコンSの残効期間（二カ月半程度持続する）を考慮に入れると、七月上〜中旬の設置が適当と考えられる。

ヨトウコンSを処理した地区では、シロイチモジヨトウばかりでなくハスモンヨトウの発生も少なくなっていて、埼玉県吉川市や本庄市では市やJAも含めた集団で取り組んでいる地域もある。

③ 病害対策と薬剤の天敵への影響

播種は病気のない用土や播種床に行ない、健全な苗を育てることが基本である。苗は軟弱徒長させないよう栽植密度に注意し、加湿や乾燥を避ける。排水の悪い圃場に作付けする場合は、高畝栽培や明渠を設置して排水対策を行なう。

なお、病害対策の薬剤は、ネギ畑の重要な捕食性天敵類に悪影響は認めら

れないので、通常の防除と同様に使用できる。

（4）土着天敵を増やす工夫

ネギ畑で働く天敵類は、定植後に周辺から移動定着する。ネギでの有力な土着天敵はクモなどの捕食天敵と推定される。

オランダではシロツメクサ（白クローバー）とネギを間作してネギアザミウマの被害を防いでおり、ネギとシロツメクサは相性がよい。翌年のネギの定植予定地やその周囲に、シロツメクサを栽培しておくとよい。当然であるが、天敵が住みつけるように、シロツメクサには殺虫剤は散布しない。

（根本 久）

施設栽培

トマト

施設栽培

(1) 対象害虫・主要天敵と防除のポイント

① 対象害虫と天敵利用のポイント

主要害虫はコナジラミ類（オンシツコナジラミ、シルバーリーフコナジラミ）とマメハモグリバエ（近年、西南暖地では同属のトマトハモグリバエが主体）である。このほか、地域によってはアブラムシ類、アザミウマ類（ミカンキイロアザミウマ、ヒラズハナアザミウマ）、ヤガ類（ハスモンヨトウ、オオタバコガ）およびトマトサビダニが問題となる。

これら害虫は個々の施設で発生状況が異なるため、各施設の主要害虫を中心に表1に示した天敵を活用した防除対策が必要である。なお、天敵のみではすべての施設害虫を防除できないため、たりない部分をいかに農薬や耕種的防除、物理的防除で補うかが天敵利用防除の成功の秘訣である。

なお、オンシツツヤコバチの導入時期は、黄色粘着板トラップに一週間あたり一～一〇頭誘殺されたときが最適である。放飼量は、株あたり四頭（毎週一頭を四回放す）が基本であるが、導入時期が早期で適切であれば、放飼量を減らすことも可能である。たとえば、一頭確認された時点で天敵を導入すると、放飼回数を二～三回に減らすことができる。二〇℃以下の場合やコナジラミの発生量が多い場合には放飼量も倍量に増やす必要がある。

② 天敵利用の条件

抑制、促成および半促成栽培のいずれでも天敵利用が可能である。しかし、抑制や促成栽培では栽培初期から害虫の発生が多いため、まず最初に、施設内に害虫がいない状態にしてから天敵を導入する必要がある。

半促成栽培では後半の収穫期に害虫

97　トマト

表1 トマトに登録されている天敵剤（2003年3月10日現在）

天敵の種類	商品名	対象害虫	備考
オンシツツヤコバチ	エンストリップ	コナジラミ類	黄色粘着板トラップはトマトの草冠部上30cmの位置に100m^{2}あたり1枚の割合で設置する。天敵の導入は黄色粘着板トラップにコナジラミ類が1〜10頭誘殺された時点で開始する。マミーカードは商品により付着しているマミー数が異なるので、全体の放飼頭数を株あたり1〜2頭になるように放飼回数を調節する（マミーカード1枚に50頭ついている場合には、1週間間隔で4回放す）
	ツヤトップ		
	トモノツヤコバチEF	オンシツコナジラミ	
	ツヤコバチEF		
	ツヤコバチEF30		
サバクツヤコバチ	エルカール	コナジラミ類	ホストフィーディングによる殺虫効果あり
イサエアヒメコバチ＋ハモグリコマユバチ	マイネックス	マメハモグリバエ	幅広い温度域で使用できる。黄色粘着板トラップにマメハモグリバエが1頭誘殺された時点で放飼する
	マイネックス91		
イサエアヒメコバチ	トモノヒメコバチDI	マメハモグリバエ	活動適温は20〜30℃で、20℃以下の低温期には効果が期待できない
	ヒメコバチDI	ハモグリバエ類	
	ヒメトップ		
ハモグリコマユバチ	トモノコマユバチDS	マメハモグリバエ	活動適温は15〜25℃で、11月〜3月の低温期にも使用できる
	コマユバチDS		
コレマンアブラバチ	アブラバチAC	アブラムシ類	ワタアブラムシ、モモアカアブラムシに利用する
ショクガタマバエ	アフィデント	アブラムシ類	土壌面が出ていない場合には蛹化率が低下する。ある程度の湿度が必要
ナミテントウ	ナミタップ	アブラムシ類	移動性が高いので、施設内から逃げない工夫が必要である。共食いする場合がある
チリカブリダニ	スパイデックス	ハダニ類	ヒメハナカメムシ類が定着した圃場では、ヒメハナカメムシ類に捕食される場合が多い
タイリクヒメハナカメムシ	オリスターA	アブラムシ類	効果が現われるのが比較的遅いので、早めに導入する。アブラムシ類、ハダニ類やその他の節足動物も食べ、産卵は植物体組織内に行なう。厳寒期には使用しない
バーティシリウム・レカニ	マイコタール	コナジラミ類	散布後は湿度90％以上が最低9時間以上必要
ペキロマイセス・フモソロセウス	プリファード	コナジラミ類	処理時の適温20〜25℃、湿度90％以上の高湿度条件が9時間以上必要

が施設内に侵入しやすいので、春期からしっかりモニタリングし、一匹でも害虫の発生を確認した時点で天敵導入を行なう。

(2) 使える農薬と使用上の注意

天敵類を使用中は、表2に示したような天敵の活動に影響の少ない選択性の高い薬剤を利用した防除体系を組み立てる。授粉昆虫のマルハナバチが利用されている施設では、マルハナバチも考慮に入れた防除対策を立てる必要がある。基本的には、殺虫剤を使わないことが天敵類を保護することになる。

月	6	7	8	9	10	11	12	1	2	3	4	5	6	7

抑制栽培 / 促成栽培 / 半促成栽培

オンシツコナジラミ / マメハモグリバエ / 天敵利用：オンシツツヤコバチ、微生物天敵、ヒメコバチ、コマユバチ

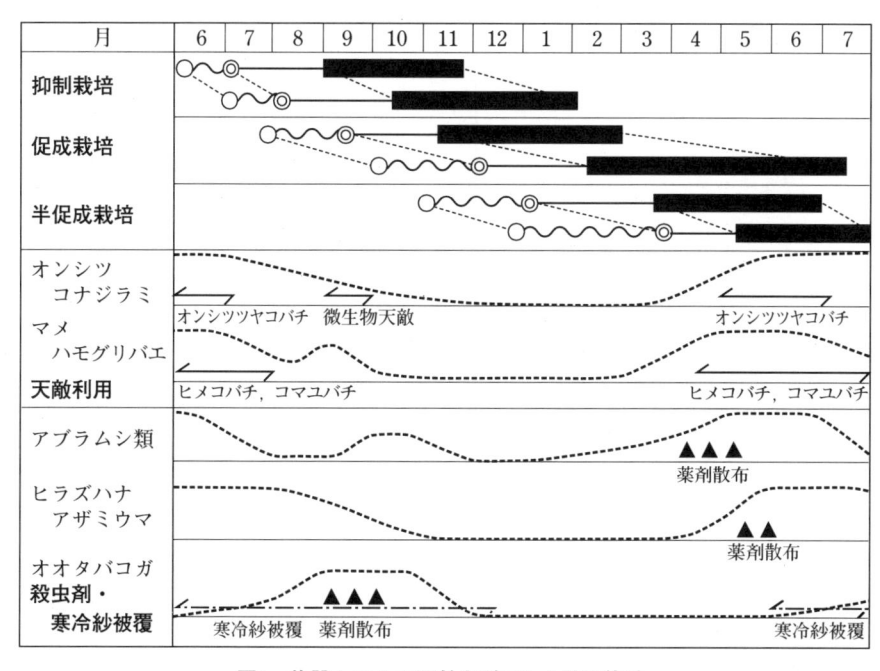

アブラムシ類 / ヒラズハナアザミウマ：薬剤散布

オオタバコガ 殺虫剤・寒冷紗被覆：寒冷紗被覆、薬剤散布

図1　施設トマトの天敵を利用した防除体系

(3) 天敵を利用した防除の実際

① 生育ステージと防除体系

各作型での主要害虫と導入天敵の発生消長および農薬の散布時期の模式図を、図1に示した。なお、各作物とも育苗期や生育初期には、黄色粘着板トラップによるコナジラミ類やマメハモグリバエの大量誘殺が可能である。害虫の侵入できない目合いの寒冷紗を被覆するのも効果的である。（61ページ「雨よけ栽培トマト」表3参照）。

② オンシツコナジラミの防除

〈抑制栽培〉　定植が高温期にあたりオンシツコナジラミの増殖が盛んなため定植当初から発生に注意し、一頭でもコナジラミの発生を認めたらオンシツツヤコバチを七日間隔で四回導入する。

表2 天敵利用で使える農薬と使用上の注意点

農薬名	防除対象害虫	使用上の注意点
チェス水和剤	オンシツコナジラミ	コナジラミの蛹に対する防除効果はやや劣るので、若齢幼虫期を中心に散布する
	アブラムシ類	
アプロード水和剤	オンシツコナジラミ	成虫に対する直接的な殺虫効果はない。幼虫期中心に散布する
オルトラン粒剤	アブラムシ類、オンシツコナジラミ、(マメハモグリバエ、アザミウマ類)	天敵類・授粉昆虫に影響する期間（マルハナバチ：20日間）を考慮する
ベストガード粒剤	マメハモグリバエ、アブラムシ類、シルバーリーフコナジラミ	天敵類・授粉昆虫に影響する期間（マルハナバチ：20日間）を考慮する
アドマイヤー1粒剤	アブラムシ類、オンシツコナジラミ、シルバーリーフコナジラミ	天敵類・授粉昆虫に影響する期間（マルハナバチ：30日間）を考慮する
カスケード乳剤	オオタバコガ、マメハモグリバエ、ミカンキイロアザミウマ	マルハナバチに対して影響あり（7日間）
トリガード液剤	マメハモグリバエ	マルハナバチに対してわずかに影響がある（1日間）
オレート液剤	アブラムシ類	対象害虫によく付着するように丁寧に散布する。天敵・授粉昆虫に対する影響なし
	シルバーリーフコナジラミ	
ケルセン乳剤	ハダニ類（トマトサビダニ）	天敵類（オンシツツヤコバチ：14日間）・授粉昆虫に影響する期間を考慮する
BT剤	オオタバコガ、ハスモンヨトウ	発生初期に使用する。天敵類・授粉昆虫に影響なし

注）（ ）内の害虫に対しては適用登録されていないが、同時防除が可能

九月の秋雨時にオンシツコナジラミからの発生が見られる場合には、微生物製剤のバーティシリウム・レカニないしペキロマイセス・フモソロセウスを七日間隔で二回散布する。散布は日没直前に行ない、翌朝まで高湿度を保つようにする。

〈促成栽培〉 抑制栽培と同様に、初期防除を徹底する。

〈半促成栽培〉 収穫期にはいってもオンシツコナジラミの発生を認めたらオンシツツヤコバチを七日間隔で四回導入する。この場合、収穫終了期が近いため、天敵寄生率が五〇％程度でもすす病の発生はほとんどない。図2は、半促成栽培でオンシツコナジラミとアブラムシ類を主な対象にした防除例である。アブラムシ類は定植前の粒剤処理、オンシツコナジラミは天敵利用を中心に防除している。

③ マメ（トマト）ハモグリバエの防除

〈抑制栽培〉 定植が高温期に当たるため、マメ（トマト）ハモグリバエの増殖が盛んである。定植当初から発生に注意し、摂食痕を確認したらすぐにイサエアヒメコバチやハモグリコマ

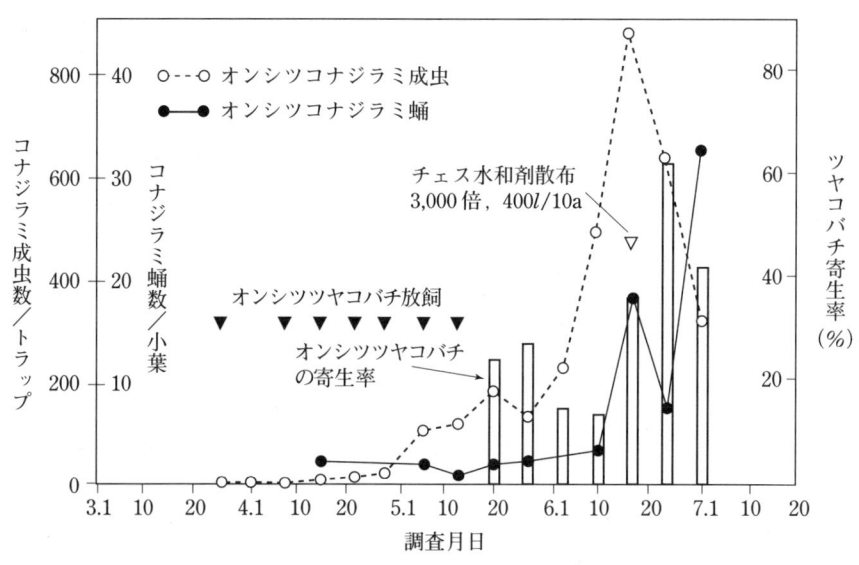

図2 施設栽培トマトの天敵利用によるオンシツコナジラミ防除（1997年；広島県豊田郡大崎町）
品種：ハウス桃太郎，定植：1996年11月9日，収穫始め：1997年2月中旬，収穫終わり：7月5日

ユバチを七日間隔で四回導入する。ショクガタマバエ、ナミテントウなどの天敵を導入する。天敵類が入っていない時期にはモスピラン水溶剤、天敵導入後はチェス水和剤を散布する。オオタバコガに対しては、カスケード乳剤、アタブロン乳剤およびBT剤を散布する。

〈促成栽培〉

〈促成栽培、半促成栽培〉 抑制栽培に準じる。

〈半促成栽培〉 促成栽培に準じる。

収穫期に入ってからの防除が中心になる。防除は抑制栽培に準じる。

〈抑制栽培〉

④ その他の害虫の防除

オンシツコナジラミの場合、黄色粘着板トラップで、一週間あたり一〇〇頭以上誘殺される場合は、チェス水和剤、アプロード水和剤、オレート液剤などの天敵類に影響の少ない薬剤を散布した後に、天敵を放飼する。さらに、一週間あたり一〇〇頭以上誘殺される場合には、天敵利用は打ち切り、速効性の農薬による防除に切り替える。

⑤ 農薬による追加防除の判断

アブラムシ類に対する防除は、コレマンアブラバチ、

(4) もっと農薬を減らせる予察防除方法

① 粘着板トラップなどによるモニタリング

雨よけトマトと同様の方法でできるので、63ページを参照されたい。

そのほか、毎日の作業時に、害虫の発生に気づいた場合には、その個所に目印の毛糸や洗濯バサミを付けておき、後でスポット散布するなどの処置を行なう。

② 指標植物の利用

指標植物（インディケーター・プランツ）として、施設内の片隅や畝間にキュウリかインゲンマメを植えておくと、トマトより早くからコナジラミ類やアブラムシ類、ハダニ類の寄生が観察され、発生時期・量の指標になる。また同時に、これらをおとり（トラップ）作物として用いると、集まった害虫の局所的防除が可能である。さらに、キュウリやインゲンの収穫も期待できる（図3）。

図3 指標植物（インディケーター・プランツ：キュウリ）

(5) 土着天敵やコンパニオンプランツの利用

雨よけトマトの項参照（63ページ）。

(6) 天敵を活かす病害防除の注意

① 主な殺菌剤と天敵への影響、使い方の注意

トマトに登録のある殺菌剤の多くは天敵類に対して影響が少ない。ただし、ユーパレンとモレスタン水和剤はオンシツツヤコバチ成虫に対する影響が認められ、オーソサイド水和剤80はイサエアヒメコバチとハモグリコマユバチ

102

図4 送風装置（ボルナドファン）（松浦原図）

表3 天敵利用と慣行防除の作業時間・経費
（深山，2002を一部改変）

作業項目	10a 1回あたり所要時間	作業所要時間（回数）			
		半促成栽培		促成栽培	
		環境保全	慣 行	環境保全	慣 行
移植時粒剤処理	2.25	0.0（ 0）	2.25（ 1）	0.0（ 0）	2.25（ 1）
動力噴霧機散布	4.10	16.4（ 4）	28.7（ 7）	49.2（12）	61.5（15）
スポット散布	0.45	0.0（ 0）	0.0（ 0）	1.35（ 3）	1.35（ 3）
天敵放飼	0.29	2.9（10）	0.0（ 0）	1.16（ 4）	0.0（ 0）
合　計（時間）		19.3	30.95	51.71	65.1
所要経費（円）		19,300	30,950	51,710	65,100

注）1時間あたり労働時間を1,000円として計算した

成虫への影響が認められている。これら殺菌剤を使う場合には、天敵への影響期間を考慮し、天敵導入前に散布する。さらに、モレスタン水和剤はマルハナバチに対しても影響がある。

② 天敵に害のない防除のポイント

病害の発生要因の一つは多湿である。とくに春先の暖房機がいらなくなる朝方には、葉や果実表面に結露しやすいため、灰色かび病などが発生しやすくなる。葉面への結露を防止するためには、暖房温度をやや高めに設定して朝方まで暖房するか、送風装置（ボルナドファン、図4）などを設置して強制的に対流を起こしてやるとよい。

(7) 天敵利用と農薬防除の労力と経費の比較

深山（二〇〇二）の試算を表3に示した。一〇アール一回あたりの天敵放飼の作業時間は、動力噴霧機利用の一四分の一に短縮されている。また、半促成栽培と促成栽培での作業所要時間と経費は、それぞれ一一・七時間と一三・四時間、一万一六五〇円と一万三三九〇円少なくなっている。

（林　英明）

ナス

施設栽培

(1) 対象害虫・主要天敵と防除のポイント

施設栽培ナスに発生する主要害虫はアザミウマ類（図1）、アブラムシ類、ハモグリバエ類、ハダニ類、チャノホコリダニ、ハスモンヨトウ、コナジラミ類などである。

ナスの害虫に対して表1に示すような天敵資材が適用登録されている。ハスモンヨトウとチャノホコリダニに対しては、現在のところ有望な天敵資材がない。

天敵をうまく活用するためには、圃場周辺の環境整備や防虫ネット（目合い1ミリ）の展張、シルバーマルチ、防蛾灯（黄色蛍光灯）などの物理的防除法を積極的に取り入れるとともに、天敵類に対して影響の少ない選択性薬剤をうまく組み合わせることが重要である。

(2) 使える農薬と使用上の注意点

表2にタイリクヒメハナカメムシ、コレマンアブラバチ、マイネックスを組み入れた防除体系下で使用できる主な殺虫剤を示す。

マルハナバチに加え、天敵を数種導入すると、選択性殺虫剤といっても使用できる薬剤はかなり限られる。

(3) 天敵を利用した防除の実際

ここでは初期の防除対策として、防虫ネット（目合い1ミリ）、シルバーマルチおよび定植時粒剤処理を行ない、アザミウマ類の防除にタイリクヒメハナカメムシ、ハモグリバエ類の防

図1 ナスの主要害虫の一つミナミキイロアザミウマ

表1 ナスに適用登録されている天敵剤（2003年3月10日現在）

天敵の種類	商品名	対象害虫	備考
イサエアヒメコバチ	トモノヒメコバチDI ヒメコバチDI ヒメトップ	マメハモグリバエ ハモグリバエ	ハモグリバエの発生初期に放飼する。放飼は夕方行なう
イサエアヒメコバチ＋ハモグリコマユバチ	マイネックス マイネックス91	マメハモグリバエ類	ハモグリバエの発生初期に放飼する。放飼は夕方行なう
オンシツツヤコバチ	エンストリップ ツヤコバチEF30 ツヤトップ	コナジラミ類 オンシツコナジラミ	アザミウマ類防除にラノー乳剤を組み込む防除体系では，コナジラミ類が問題になることはほとんどないので，本天敵を導入する必要はない
ククメリスカブリダニ	ククメリス メリトップ	アザミウマ類	主にアザミウマ類の幼虫を捕食する。アザミウマ類の増殖が激しくなる3月以降，密度抑制効果不十分
タイリクヒメハナカメムシ	オリスターA タイリク	アザミウマ類	効果が現われ始めるまでに少なくとも1〜1.5カ月を要し，この間アザミウマ類が増加する。また，厳寒期には増殖率，捕食量が低下し，アザミウマ類が増加する。このような時期にはラノー乳剤などによる補完的な防除が必要
コレマンアブラバチ	アフィパール トモノアブラバチAC アブラバチAC コレトップ	アブラムシ類	ワタアブラムシ，モモアカアブラムシには寄生するが，ジャガイモヒゲナガアブラムシやチューリップヒゲナガアブラムシには寄生しないので，発生種をよく見極める必要がある
チリカブリダニ	スパイデックス トモノカブリダニPP カブリダニPP チリトップ	ハダニ類	ハナカメムシが定着した圃場では，ハナカメムシに攻撃されるため，ハダニに対する効果が落ちることが多い
ヤマトクサカゲロウ	カゲタロウ	アブラムシ類	捕食活動は幼虫期のみ。アブラムシ類の発生初期に寄生株へ集中放飼すると効果的
ナミテントウ	ナミトップ	アブラムシ類	アブラムシ類の発生初期に寄生株に集中的に放飼すると効果的
ショクガタマバエ	アフィデント	アブラムシ類	夜温16℃以上の比較的高温期に有効。繭がアリに捕獲されることがあるので，アリ対策を工夫する。
バーティシリウム・レカニ	バータレック マイコタール	アブラムシ類 オンシツコナジラミ	乾燥が続く条件下では効果が落ちる。散布は湿度が確保できる夕方がよい
ペキロマイセス・フモソロセウス	プリファード水和剤	コナジラミ類	温度18〜28℃，湿度80％以上の条件で効果が現われやすい。使用時期としては秋口と春先の夕方散布がよい
ボーベリア・バシアーナ	ボタニガードES	アザミウマ類	高濃度で散布すると薬害が出るおそれがあるので，希釈濃度を守る。アザミウマ類の発生初期に7日間隔で3〜4回，葉裏によくかかるように散布する。散布は湿度が確保できる夕方に行なう。ミツバチに影響があるので，受粉にミツバチを利用しているハウスでは注意する

表2 天敵を利用した防除で使える農薬と使用上の注意点

農薬名	防除対象害虫	使用上の注意点
アドマイヤー粒剤	ミナミキイロアザミウマ アブラムシ類	マルハナバチを導入する場合には，少なくとも処理35～40日経過後に行なう ヒメハナカメムシ類に影響ありとの報告もあるので，ヒメハナカメムシ類の放飼は処理30日後以降に行なうのが無難
モスピラン粒剤		
ラノー乳剤	ミナミキイロアザミウマ オンシツコナジラミ （シルバーリーフコナジラミ）	ヒラズハナアザミウマ，ミカンキイロアザミウマに効果は低い。遅効性なので，散布時期が遅れないように注意する
コテツフロアブル	ミナミキイロアザミウマ ミカンキイロアザミウマ ハダニ，チャノホコリダニ ハスモンヨトウ，オオタバコガ	ヒメハナカメムシ類に対する影響は少ないが，マルハナバチや寄生蜂には影響があるので，マルハナバチや寄生蜂導入後の使用は避ける
チェス水和剤	アブラムシ類 オンシツコナジラミ	ヒメハナカメムシ類には少なからず影響があるので，ヒメハナカメムシ類を放飼した圃場での全面散布は避け，部分散布に止める
トリガード液剤	マメハモグリバエ	クサカゲロウ類に影響あり
マトリックフロアブル	ハスモンヨトウ，オオタバコガ	マルハナバチ，コレマンアブラバチに対する影響は不明
トルネードフロアブル	ハスモンヨトウ，オオタバコガ	マルハナバチに対して影響あり
モレスタン水和剤	チャノホコリダニ （ハダニ）	チリカブリダニに対して影響大。クサカゲロウ類に影響あり。ヒメハナカメムシ類に対して若干影響があるので，放飼前後の使用はひかえる。高温時薬害あり
コロマイト乳剤	ハダニ，（チャノホコリダニ）	ククメリスカブリダニ，寄生蜂成虫に影響あり
オサダン水和剤	ハダニ チャノホコリダニ	ヒメハナカメムシ類の放飼前後の使用は避ける。チャノホコリダニに対する効果はやや弱いので，5～7日間隔で2回連続散布する
アプロード水和剤	オンシツコナジラミ チャノホコリダニ	クサカゲロウ類に影響あり。効果は遅効的であるので，発生初期の散布に心がける
レピタームフロアブル	ハスモンヨトウ	発生初期（若齢期）に使用する

注 1) （ ）内の害虫に対して適用登録されていないが，同時防除が可能
  2) 「使用上の注意」の天敵マルハナバチについては，これまでにわかっている範囲内で記述

除に寄生蜂（マイネックス），アブラムシ類の防除にコレマンアブラバチを用いる促成栽培ナス（栽培期間：九月～翌年六月）での防除体系について紹介する。

① タイリクヒメハナカメムシによるアザミウマ類の防除

〈放飼後一〜一・五カ月のがまんが大切〉 タイリクヒメハナカメムシはアザミウマ類の発生が見られ始めた時点で株あたり成虫一頭を基準に放飼する。ただし，アザミウマ類に対する密度効果が現われ始めるまでに放飼後一〜一・五カ月を要し，この間にアザミウマ類の密度が高くなることが多い。しかし，この時期にアザミウマ類に卓効を示す薬剤を使用すると，エサと

106

してのアザミウマ類がいなくなり、タイリクヒメハナカメムシの定着が悪くなるので注意する。

放飼後から定着するまでの時期にはアザミウマ類の発生状況に注意を払い、密度が上昇する気配がみられたら、選択性殺虫剤であるラノー乳剤を一週間間隔で二回散布して、アザミウマ類の密度低下を図る。このラノー乳剤との組み合わせが、タイリクヒメハナカメムシをうまく活用するうえでのポイントである。この時期をうまく乗り切れば、薬剤に頼ることなく長期間にわたってアザミウマ類の密度を低く抑えることができる（図3）。

〈厳寒期にはラノー乳剤も活用〉

現在市販されているタイリクヒメハナカメムシは非休眠性なので、年内に放飼しても、いったん定着すれば、栽培終期まで継続して繁殖し、アザミウマ類の密度を抑制する。ただし、十二月から翌年二月にかけての厳寒期には、タイリクヒメハナカメムシの増殖率や捕食量が低下するため、アザミウマ類が増加することが多く、やはりこの時期はラノー乳剤で密度を抑制する必要がある。

なお、コレマンアブラバチはジャガイモヒゲナガアブラムシとチューリップヒゲナガアブラムシには寄生しないので、発生したアブラムシの種類を見極めて、ヒゲナガアブラムシ類が発生した場合には、他の天敵（表1参照）

図2　アザミウマ類の天敵タイリクヒメハナカメムシ（幼虫）

② コレマンアブラバチによるアブラムシ類の防除

ワタアブラムシとモモアカアブラムシが発生した場合には、発生初期にコレマンアブラバチ一ボトル分を寄生株に集中放飼することで、短期間で発生を抑えることができる（図4）。

放飼時期が遅れ、部分的に寄生密度が高くなった場合には、寄生密度の高い株のみを対象にチェス乳剤を部分散布する。チェス乳剤はタイリクヒメハナカメムシに対して少なからず影響があるので、タイリクヒメハナカメムシ放飼後には全面散布を避け、部分散布で対処する。

三月以降のタイリクヒメハナカメムシによる密度抑制効果はめざましく、薬剤による防除はほとんど必要ない。

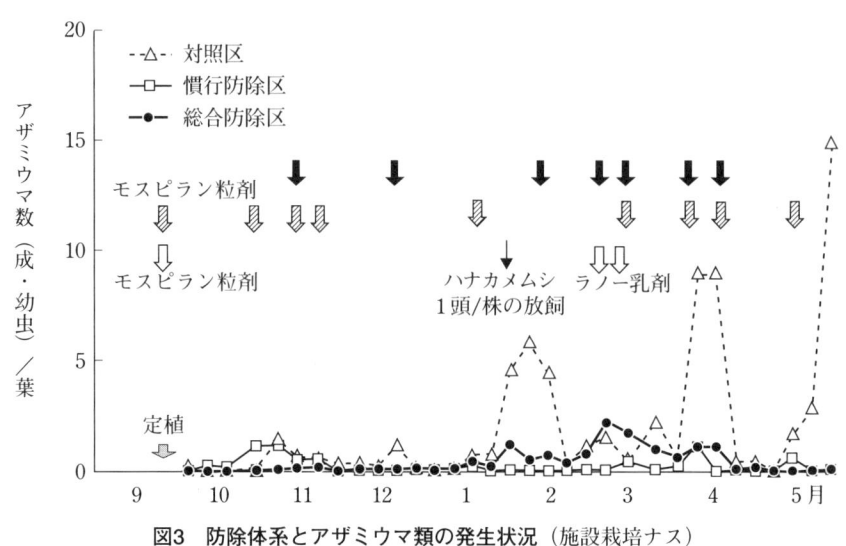

図3 防除体系とアザミウマ類の発生状況（施設栽培ナス）

⇩ 総合防除区の薬剤処理　　↓ 総合防除区のタイリクヒメハナカメムシの放飼
⇩ 慣行防除区の薬剤処理　　↓ 対照区の薬剤処理

注 1) 対照区は必要最小限の防除で，生育に影響が現われるおそれがある場合に薬剤散布をする。図4，5も同じ
2) アブラムシ類やハモグリバエ類防除に使用した薬剤でもアザミウマ類に影響のある場合には矢印を入れている。矢印は必ずしもアザミウマ類を主目的に薬剤散布したものだけではない
3) 収穫開始10月中旬，収穫終わり5月末〜6月末。図4，5も同じ

を選択するかチェス水和剤の部分散布で対処する。
　天敵類を導入し、薬剤散布を極力少なくした防除体系では、三、四月以降は、土着の天敵類が活発に働き始めるので、アブラムシ類が問題になることは少ない。

③ マイネックスによるハモグリバエ類の防除

　マメハモグリバエ、ナスハモグリバエ、トマトハモグリバエの発生初期にマイネックス（イサエヒメコバチ＋ハモグリコマユバチ）を所定量放飼することで、ハモグリバエの密度を抑制することができる（図5）。
　効果は安定しており、一見マイネックスによる効果が持続しているように見えるが、実際には放飼した寄生蜂による効果は初期のみで、その後は土着

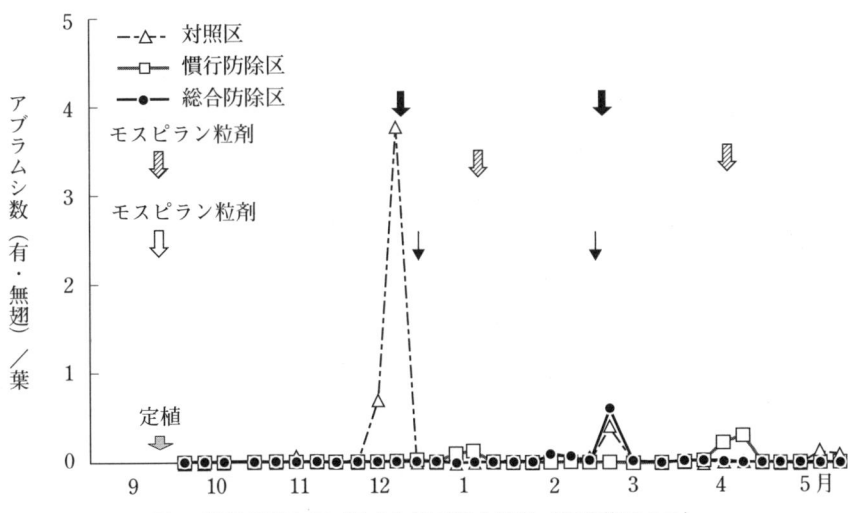

図4 防除体系とアブラムシ類の発生状況（施設栽培ナス）

⇩ 総合防除区の薬剤処理　↓ 総合防除区：コレマンアブラバチ（アフィパール）のアブラムシ寄生株への集中放飼（1ボトル）　▨ 慣行防除区の薬剤処理　↓ 対照区の薬剤処理

の寄生蜂によって寄生密度がかなり低く保たれる。

しかし、ハスモンヨトウの場合、発生の多い年には防虫ネット上に産み付けられた卵塊からふ化した幼虫が侵入する。したがって、定期的に見回ってネット上の卵塊を除去するとともに、幼虫の発生を認めたら天敵に影響の少ないBT剤やマトリックフロアブルで早めに防除する。

〈ハダニ、チャノホコリダニ〉　ハダニの発生は、気温が高くなりはじめる三月以降に多い。慣行防除では、アザミウマ類防除にハダニにも効果の高いコテツフロアブルやアファーム乳剤が使用されるため、多発することはほとんどない。しかし、天敵を組み入れた防除体系では、この両剤は天敵に影響があるためほとんど使用できず、ハダニが多発しやすい。また、同様の理由でチャノホコリダニの発生頻度が高

天敵に影響の大きい薬剤を使用すると寄生蜂がいなくなり、ハモグリバエ類による被害が急増するので注意する。

④その他主要害虫の発生と防除対策

〈ハスモンヨトウ、オオタバコガ〉

これらチョウ目の害虫の発生は主に本圃初期（九～十月）である。開口部への防虫ネット

109　ナス

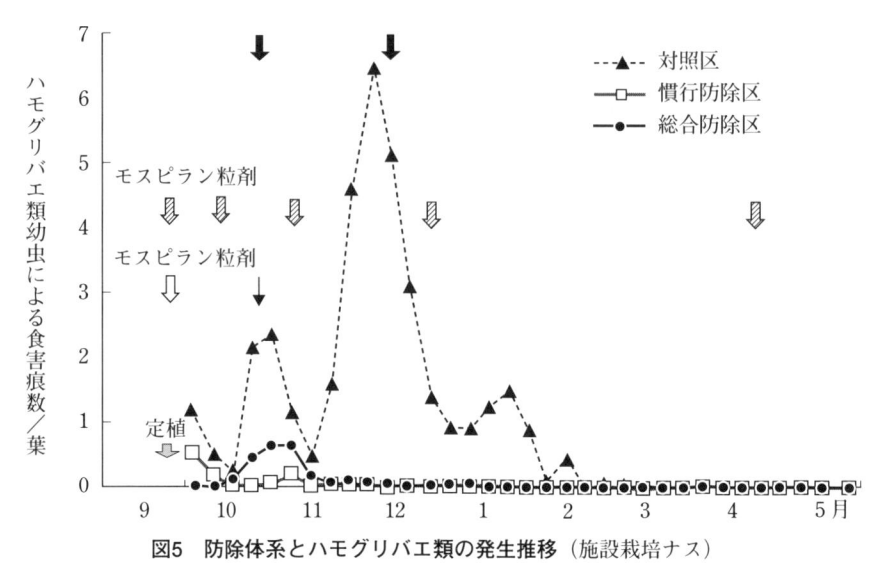

図5 防除体系とハモグリバエ類の発生推移（施設栽培ナス）
⇩ 総合防除区の薬剤処理　⇩ 慣行防除区の薬剤処理　⬇ 対照区の薬剤処理
⬇ 総合防除区：イサエアヒメコバチ＋ハモグリコマユバチ（マイネックス）放飼

で、ハダニやチャノホコリダニが発生した場合には殺ダニ剤で対処する（表2参照）。なお、チャノホコリダニの発生は局所的であり、しかも被害症状が現われてはじめて発生に気づくが、この時点では整枝作業などにより他の株に広がっている可能性が高いので、部分散布で防除するのではなく、全面散布で対処する。

〈コナジラミ類〉　アザミウマ類の防除をタイリクヒメハナカメムシとラノー乳剤の組み合わせで行なう本防除体系では、ラノー乳剤によって防除されるため、ほとんど問題になることはない。

くなる。

ハダニの天敵としてチリカブリダニが適用登録されているが、ナスでの密度抑制効果は十分とはいえない。タイリクヒメハナカメムシに捕食されることも原因のひとつであり、タイリクヒメハナカメムシを放飼している圃場でチリカブリダニを用いるメリットは小さいと考えられる。

殺ダニ剤には天敵に影響の少ない剤が比較的多いのが、

（4）土着天敵の有効活用

マルハナバチや天敵を導入した圃場では、天敵に影響の大きい薬剤が使用されないため、土着天敵を有効に活用

110

できる。

とくに、三月以降はアブラムシ類やハモグリバエ類の土着寄生蜂が活発に活動し、これら害虫の増殖をよく抑える。

(5) 天敵を活かす病害防除の注意

ナスで使用される主要な殺菌剤で、タイリクヒメハナカメムシや各種寄生蜂に影響の大きい薬剤は少ない。ただし、モレスタン水和剤はタイリクヒメハナカメムシに若干影響があるので、成虫放飼後定着するまでの期間は使用をひかえたほうが無難である。いったん定着すれば、それほど大きな影響はみられない。

なお、ジマンダイセン、ダコニールなど、バーティシリウム・レカニ水和剤（バータレック、マイコタール）、

プリファード水和剤に対して影響のある殺菌剤がかなりあるので、アブラムシ類やオンシツコナジラミ防除にこれらの微生物資材を使用するときには、殺菌剤の選択に注意を要する。

（高井　幹夫）

ピーマン

施設栽培

(1) 対象害虫・主要天敵と防除のポイント

促成栽培ピーマン（図1）に代表されるアザミウマ類、モモアカアブラムシ、ワタアブラムシなどのアブラムシ類、ハスモンヨトウ、チャノホコリダニなどが発生し、その被害が問題となる。このうち、最重要害虫はミナミキイロアザミウマであり、次に被害の大きいのがアブラムシ類である。

表1にピーマン類に登録のある天敵剤を示したが、このうちミナミキイロアザミウマなどのアザミウマ類に対してタイリクヒメハナカメムシ（図2）、ククメリスカブリダニ、アブラムシ類に対してコレマンアブラバチ（図3）、クサカゲロウなどの天敵を用いる。これに選択性殺虫剤、さらに防虫ネット、黄色蛍光灯などの物理的防除対策を組み合わせることで、防除回数の大幅な削減が可能である。

図2 アザミウマ類の天敵タイリクヒメハナカメムシ

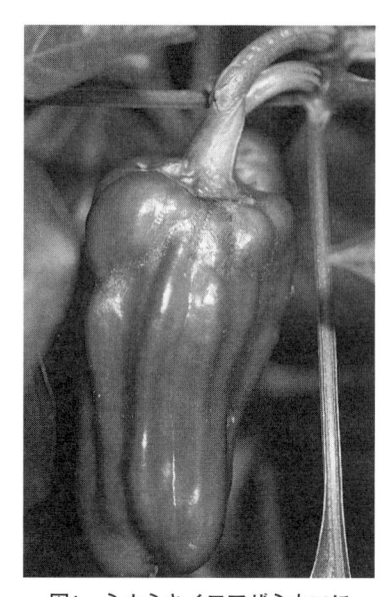

図1 ミナミキイロアザミウマに加害されたピーマンの果実

図3 アブラムシの天敵コレマンアブラバチ

表1 ピーマンに適用登録のある天敵剤（2002年9月30日現在）

天敵の種類	商品名	対象害虫	備考
ククメリスカブリダニ	ククメリス	アザミウマ類	主にアザミウマ類の幼虫を捕食する。アザミウマ類の増殖が激しくなる3月以降の密度抑制効果は不十分
	メリトップ		
タイリクヒメハナカメムシ	オリスターA	アザミウマ類	冬期でも利用が可能。効果が現われるまでに1.5～2カ月を要するので、この間はコテツフロアブルなどによる補完的な防除が必要
	タイリク		
ナミヒメハナカメムシ	オリスター	ミナミキイロアザミウマ ミカンキイロアザミウマ	短日、低温条件下で休眠するため、促成ピーマンでの利用には不向き
コレマンアブラバチ	アフィパール	アブラムシ類	ワタアブラムシ、モモアカアブラムシには寄生するがジャガイモヒゲナガアブラムシには寄生しないので、発生種の見極めが必要
	アブラバチAC		
	コレトップ		
	トモノアブラバチAC	ワタアブラムシ	
ヤマトクサカゲロウ	カゲタロウ	アブラムシ類	アブラムシの種類を選ばないので、コレマンアブラバチの効果のないジャガイモヒゲナガアブラムシの防除に利用可能
ショクガタマバエ	アフィデント		
ナミテントウ	ナミトップ		
チリカブリダニ	スパイデックス	ハダニ類	ハダニが低密度時に放飼する。タイリクヒメハナカメムシもハダニを捕食するので、利用場面は少ない
バーティシリウム・レカニ	バータレック	アブラムシ類	乾燥条件では効果が落ちる。殺菌剤の種類によっては影響が大きいので、殺菌剤の選択にも注意が必要

(2) 使える農薬と使用上の注意点

天敵類を導入した場合に使用可能な薬剤と、その注意点について表2に示した。影響の少ない薬剤でも、天敵類を導入する当日はもちろんのこと、導入日前後の散布は極力避けるようにする。

(3) 天敵を利用した防除の実際

① 生育ステージと防除体系

ここでは促成栽培ピーマン（九月定植〜六月収穫終了）で、アザミウマ類にタイリクヒメハナカメムシ、アブラムシ類にコレマンアブラバチを用いた防除体系を紹介する（図4）。

まず、本圃初期の害虫類全般の侵入

表2 天敵利用でピーマンに使用できる農薬と使用上の注意点

農薬名	防除対象害虫	使用上の注意点
アドマイヤー粒剤 ベストガード粒剤	ミナミキイロアザミウマ アブラムシ類 （コナカイガラムシ）	ヒメハナカメムシ類に対して影響があるので、放飼は処理後30日以降に行なう
チェス粒剤、水和剤	アブラムシ類	ヒメハナカメムシ類に対して影響がある。粒剤を処理した場合、ヒメハナカメムシの放飼は処理後20日以降に行なう。放飼後の水和剤の使用は部分散布に止める
コテツフロアブル	ミナミキイロアザミウマ オオタバコガ （ハスモンヨトウ）（ハダニ類） （チャノホコリダニ）	アブラバチやカブリダニ類に対して影響が大きいので、これらの導入後の使用はひかえる
マトリックフロアブル トルネードフロアブル	オオタバコガ （ハスモンヨトウ）	トルネードはクサカゲロウ類に対する影響不明
BT剤 デルフィン顆粒水和剤 レピタームフロアブルなど	オオタバコガ ハスモンヨトウ	発生初期（若齢期）に使用する
ダニトロンフロアブル ニッソラン水和剤	ハダニ類 （チャノホコリダニ）	チャノホコリダニに対する効果は若干低い。ダニトロンはアブラバチ、カブリダニ類、クサカゲロウ類、ニッソランはアブラバチに対する影響不明
モレスタン水和剤	うどんこ病 （ハダニ類） （チャノホコリダニ）	チリカブリダニに対して影響大。ヒメハナカメムシ類に対して若干影響があるので、放飼前後の使用はひかえる。高温時の薬害に注意

注 1)（ ）内の害虫に対して適用登録されていないが、同時防除が可能
　 2) 天敵類に対する影響については、これまでにわかっている範囲内で記述

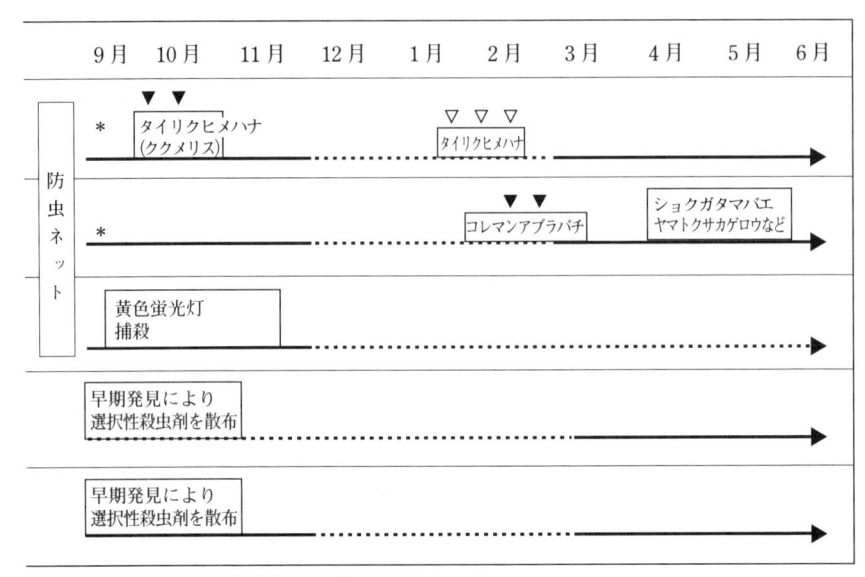

| | 9月 | 10月 | 11月 | 12月 | 1月 | 2月 | 3月 | 4月 | 5月 | 6月 |

防虫ネット
* ▼▼ タイリクヒメハナ（ククメリス）　　　　▽▽▽ タイリクヒメハナ →
* 　　　　　　　　　　　　　　▼▼ コレマンアブラバチ　ショクガタマバエ ヤマトクサカゲロウなど →
黄色蛍光灯捕殺 ……→
早期発見により選択性殺虫剤を散布 →
早期発見により選択性殺虫剤を散布 →

天敵類を利用した総合防除体系

ガード粒剤などを植え穴処理する
（たとえば，株あたり1頭×2～3回）
（例，コテツ：タイリクには影響が少ないが，ククメリスには影響が大きい）

防止対策として、ハウスサイド部に目合い一ミリ目、天窓部に目合い二～四ミリ目の防虫ネットを張り、ハスモンヨトウやタバコガ類に対して黄色蛍光灯を点灯（定植期～十一月上旬頃）する。

定植時にはアザミウマ類やアブラムシ類に効果のある、アドマイヤー、ベストガード（またはチェス）粒剤を植え穴処理する。

②アザミウマ類の防除

アザミウマ類に対しては、タイリクヒメハナカメムシを定植時の粒剤の影響のなくなる定植一カ月後、およびその一週間後にそれぞれ株あたり〇・五頭程度の割合で放飼する。アザミウマ類の密度を抑制するまでには放飼後六～八週間が必要なので、放飼前後にアザミウマ類、とくにミナミキイロアザミウマの密度が高いときには、コテツ

114

害虫名	物理的防除法	天敵名	選択性殺虫剤微生物農薬
アザミウマ類 (ミナミキイロ, ヒラズなど)	防虫ネット 近紫外線カットフィルム	タイリクヒメハナカメムシ ククメリスカブリダニ	コテツ
アブラムシ類 (モモアカ, ワタ, ジャガイモヒゲナガ)	防虫ネット 近紫外線カットフィルム	コレマンアブラバチ ヤマトクサカゲロウ	チェス パータレック
ハスモンヨトウ タバコガ類	防虫ネット 黄色蛍光灯 卵塊・幼虫集団の捕殺	―	BT剤 マトリック コテツ
ハダニ類	―	チリカブリダニ	ダニトロン (コテツ) (アファーム)
チャノホコリダニ	―	―	(コテツ) (ダニトロン) (モレスタン)

図4 促成ピーマンでの

注 1) 実線は当該害虫の発生が多い時期, 破線は発生が比較的少ない時期を示す
2) *定植時にミナミキイロアザミウマ, アブラムシ類を対象にアドマイヤー, ベスト
3) タイリクヒメハナカメムシを春期に導入する場合は, 秋期よりも放飼量を増やす
4) 表中の選択性殺虫剤は, 天敵の種類によって影響の大きい場合もあるので注意する
5) 天敵類に影響の大きい合成ピレスロイド剤, 有機リン剤の使用を避ける

などで防除する。これにより、栽培終了時までアザミウマ類の被害はほとんど問題とならな程度に抑制される(図5)。

なお、春期に放飼する場合は、ピーマンが生長し、株が大きくなっているので、株あたり一頭程度の割合で二～三回放飼するなど、秋期よりも放飼量を増やす必要がある。

③ アブラムシ類の防除

アブラムシ類については、定植時の粒剤処理と防虫ネットにより、春先まではほとんど問題とならない。春先に部分的に発生が始まったら、密度の高い株を中心に、コレマンアブラバチ一ボトル分を重点的に放飼する。

これにより、アブラムシ類の発生を抑えることができる(図6)が、二次寄生蜂(コレマンアブラバチの天敵)の発生により、コレマンアブラバチの

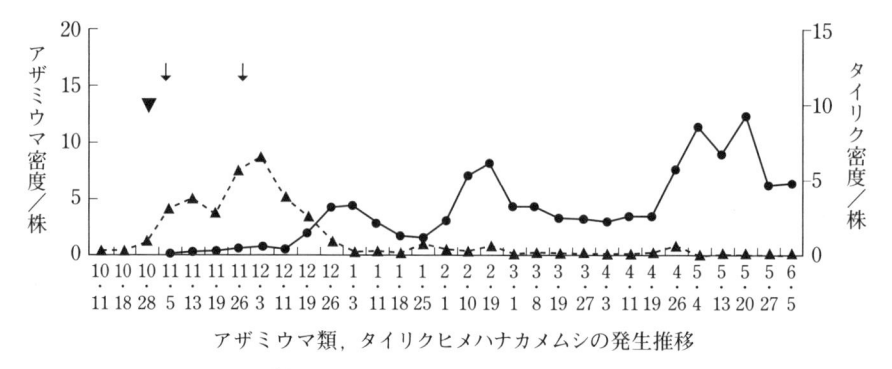

図5 促成ピーマンでのタイリクヒメハナカメムシによるアザミウマ類の防除効果

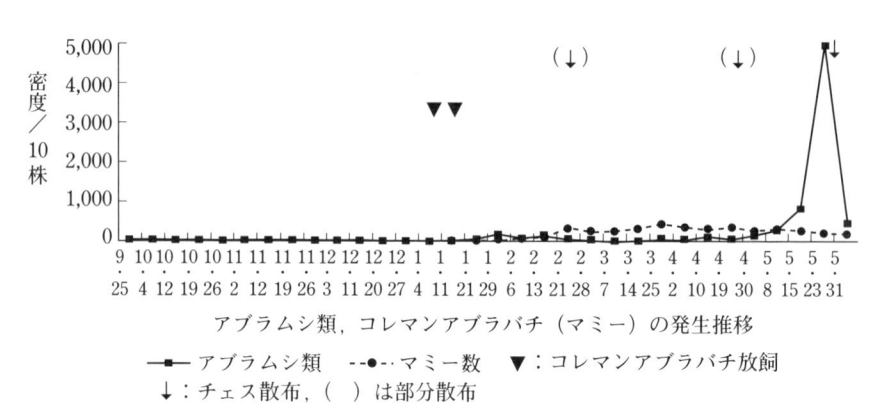

図6 促成ピーマンでのコレマンアブラバチによるアブラムシ類の防除効果

効果が低下することがある。このような場合や、コレマンアブラバチの効果のないジャガイモヒゲナガアブラムシが発生したときには、チェスのスポット散布やバータレックを散布するか、ショクガタマバエ、ヤマトクサカゲロウなどの捕食性天敵を利用する。

また、バンカープランツ（コムギにムギクビレアブラムシを寄生させ、それにコレマンアブラバチを繁殖させたもの）は、春先以降に発生するアブラムシ類対策として、冬期に導入する（秋期に導入すると、二次寄生蜂の発生増加につながる可能性が高い）。

④ その他の害虫の防除

〈ハスモンヨトウやタバコガ類〉

防虫ネットの展張と黄色蛍光灯の点灯により発生がおさえられる。ただし、ハスモンヨトウは、ネットやハウス資材に産み付けられた卵からふ化した幼虫が侵入する場合があるので、栽培管理中に捕殺に努める。

なお、捕殺しても被害の増加が止まらないときや、広範囲に発生がみられる場合は、コテツ、マトリック、BT剤などで防除する。

〈チャノホコリダニ、コナカイガラムシ類〉 この防除体系では殺虫剤の散布回数が大幅に減るため、これまで問題とならなかったチャノホコリダニやコナカイガラムシ類が発生することがある。チャノホコリダニは、被害に気づいたときには圃場内にかなり広がっているものと判断し、できるだけ圃場全体を防除する。

薬剤は、タイリクヒメハナカメムシを放飼する二週間以上前であれば、アファーム乳剤、放飼後であればコテツフロアブル、ダニトロンを用いる。ただし、ダニトロン以外はコレマンアブラバチに対して影響が大きいので、放飼後にこれらの薬剤を使うときは、再放飼の必要がある。

コナカイガラムシ類は定植時の粒剤処理によりほとんど問題とならない（ただし、チェスは効果がない）が、栽培後期に発生することがあるので、早期発見に努めモスピランなどでスポット防除する。

図7　バンカープランツ（ムギ）の葉についたムギクビレアブラムシ、コレマンアブラバチとそのマミー

(4) 天敵を活かす栽培管理の注意点

収穫、整枝作業時には病害虫の発生に注意し、発生に気づいたときには、そのつど発生株に目印を付ける。これによって、以後の発生状況の把握が容易になり、効果的な防除が行なえる。

タイリクヒメハナカメムシの導入に当たっては、整枝の時期と切った枝の処理に注意する。本種は芽（生長点部）

に多く産卵するため、整枝によって卵や幼虫を持ち出すおそれがある。整枝はできるだけタイリクヒメハナカメムシ導入前、あるいは定着後に行なうようにする。もし定着（導入後六〜八週間）するまでに整枝を行なった場合は、切った枝は株元に一〜二週間置き、そのあと圃場外に持ち出すようにする。

アザミウマ類については、発生種にも注意を払う。ミナミキイロアザミウマは低密度でも被害が出るので、発生したら選択性殺虫剤で防除を行なう必要がある。一方、ヒラズハナアザミウマはかなりの高密度にならないかぎり被害はみられない。少発生の場合は、タイリクヒメハナカメムシなどの増殖のためのエサとなるので、防除を行なう必要はない。

(5) 土着天敵を増やす工夫

基本的には導入天敵に影響の少ない選択性殺虫剤を使用することによって、土着のカブリダニ類やアブラバチ、アブラコバチなどの寄生蜂、テントウムシ類、ショクガタマバエ、ヒラタアブなどの発生がみられる。

また、通路などにモミガラ、フスマ、ヌカなどをまくと、これにコナダニ類などが発生し、これをエサに土着のカブリダニ類が増殖して、アザミウマ類やハダニ類を捕食してくれる。

(6) 天敵を活かす病害防除

天敵の利用により防除回数が大幅に減少することから、これまで殺虫剤と殺菌剤の混合散布を行なっていた圃場では、うどんこ病の発生が多くなりやすい。うどんこ病に効果のあるモレスタンは、チャノホコリダニやハダニ類にも有効であり、同時防除が可能である。

また、うどんこ病の防除薬剤であるモレスタン、ラリー、イオウフロアブルなどは、バータレックへの影響が大きいので、バータレック散布前後の殺菌剤の選択に当たっては注意が必要である。

（山下　泉）

イチゴ

施設栽培

(1) イチゴで問題になる主な害虫

施設栽培イチゴの害虫の発生を環境面からみると、親株から苗養成、定植、本圃の保温開始（ビニール被覆）までの露地栽培の期間とそれ以降の施設栽培下の保温、加温、収穫期といった施設栽培の期間の二つに分けられる。最近は、育苗を雨よけ下で行なうなど、周年施設化された栽培形態も出てきている。露地と施設栽培下では、害虫の発生様相が異なる。

露地栽培では、コガネムシやセンチュウなど土壌に起因する病害虫が問題になることが多い。一方、施設栽培では、これらに加えてハダニ類、アブラムシ類、オンシツコナジラミ、ハスモンヨトウ、ミカンキイロアザミウマなど広食性で、繁殖力の強い害虫が問題になる。施設内での害虫防除は天敵資材を組み入れた体系とするが、天敵資材の活動温度と栽培温度にちがいがあるので、予防のシステムを組み入れるなど綿密な工夫が必要である。

(2) 天敵を活かす防除のポイント

① 育苗と定植時の予防の徹底

本圃でビニールを被覆し保温を開始した後は、害虫が増えやすく薬剤のみでは防除がむずかしいので、それ以前の予防対策と害虫を施設内に入れないようにすることが大切である。そのためには、病害虫が発生しにくい育苗方法を採用したり、育苗期後半の防除を徹底するなど、病害虫のついた苗を施設内に持ち込まないようにする。育苗時は、本圃にくらべて面積が小さく、イチゴ苗自身に病害虫に対する抵抗力もあるため、薬剤の使用量が少なくてすむ。

雨よけ育苗やポット育苗は、病害虫が付いていない健全な苗をつくるためには重要である。育苗畑の周りから害虫が生息する雑草や作物を取り除いたり、雨よけ育苗では紫外線カットフィルムや寒冷紗を使い害虫の侵入を少なくする。定植直前の薬剤処理は、病害虫を施設内に持ち込まないためにも重要である。

119 イチゴ

ようにする工夫も必要である。なお、イチゴは低温で栽培するため、十二月ころにミカンキイロアザミウマが侵入するなど、冬でも害虫の飛び込みがあるので注意する。

(3) イチゴで利用できる天敵資材

① 利用できる天敵資材は限定される

天敵とイチゴや害虫の生育適温がちがうので、イチゴの収穫時期など害虫は増殖できても天敵は活動できないこともある。イチゴで天敵資材を利用するためには、天敵が働きやすい温度帯の時期に使用しなければならない。表2にイチゴで利用可能な天敵資材とその活動温度を示した。イチゴでは比較的たくさんの天敵資材が登録されているが、温度との関係から本圃で使

表1　施設促成栽培イチゴ（女峰）の葉柄汁液の硝酸濃度基準値（12月～5月収穫）

(六本木，1994を改変)

時　　期	硝酸濃度の基準値（ppm）
11月下旬～1月上旬	1,700～2,600
～2月下旬まで	1,300～2,200
～4月下旬まで	900～1,800

ンヨトウなど、外からの害虫の侵入に対する防波堤にもなっていて、イチゴ苗に付いている病害虫を薬剤などで完全に防除できれば、被覆後の侵入による害虫の発生はかなり抑制できる。

また、保温開始期以降は、チッソ肥料の過剰施用はアブラムシの発生を助長するので注意する。葉柄中の硝酸濃度が表1のようになるように施肥管理を行なうと、アブラムシの増殖はかなり抑えることができる。

③ 開口部からの侵入を防ぐ

換気に伴い施設の外部からいろいろな害虫が侵入してくるため、それらの害虫への対策が必要である。側窓など開口部を寒冷紗で被覆すると、そこからのハスモンヨトウやアブラムシの侵入を防ぐことができる。出入口からの侵入防止には、出入口を二重扉にするなど、扉の開放時に風が吹き込まない

② 保温開始までに防除を徹底

保温開始後は、施設内の害虫は風雨から守られ温度も適度なため、発生量が急速に増えるので、害虫の重点防除時期である。毎年発生する病害虫は、この時期までに防除してしまう。ビニール被覆はアブラムシやハスモ

表2 施設イチゴで登録されている殺虫性天敵資材および微生物的防除資材

分類	天敵の種類	商品名	防除対象害虫	活動可能温度(℃)	使用上の注意
節足動物	チリカブリダニ	スパイデックス	ハダニ類	12〜30℃	・加温開始期以降は,収穫始めまでに処理する ・収穫期以降は温度が低く,不向き ・ハダニの発生したツボに処理する
		カブリダニPP			
		チリトップ	ナミハダニ		
	ショクガタマバエ	アフィデント	アブラムシ類	16〜35℃	・適合する時期は保温期のみ
	コレマンアブラバチ	アフィパール	ワタアブラムシ	5〜30℃	・保温期〜収穫中まで処理可能 ・定植時のモスピラン粒剤処理と組み合わせ,その後のアブラムシ発生時に使用する
		アブラバチAC			
	ヤマトクサカゲロウ	カゲタロウ		15〜35℃	・適合する時期は保温期のみ
	ククメリスカブリダニ	ククメリス	ミカンキイロアザミウマ	12〜35℃	・保温開始期の開花始め以降に処理する
線虫	スタイナーネマ・カーポカプサエ	バイオセーフ	ハスモンヨトウ	—	・保温期〜収穫始めまでの処理とする
細菌	BT剤	*		—	・若齢期に使用する,残効は短い

*デルフィン,フローバック,クオーク,レピターム,ゼンターリなどの商品がある(アルファベット順)

用できるのは、コレマンアブラバチ、ククメリスカブリダニ、チリカブリダニであり、他の天敵資材は使用がむずかしい。

②ククメリスカブリダニ

ククメリスカブリダニは活動可能温度が一二〜三五℃で、対象害虫のミカンキイロアザミウマがいなくても、花粉をエサとして増えることができる。害虫が増えてから放飼するよりも、あらかじめ定着させておくと、より効果的なことが知られているので、イチゴの開花直後に処理するのがよい。

③チリカブリダニ

チリカブリダニの活動可能温度は一二〜三〇℃で、二〇〜三〇℃ではエサになるナミハダニよりも増殖速度が速い。しかし、一〇℃以下では発育障害を、三三℃以上では高温障害を起こし

図1 イチゴでのチリカブリダニの処理（バーミキュライトに混ざっている）

活動できない。パイプハウスなど、昼間の温度が三三℃以上と極端に上がる環境は、チリカブリダニには適さない。

チリカブリダニの活動可能温度とイチゴの栽培温度から、放飼時期を決定する。定植時にはエサになるハダニの密度が低く、処理時期として適当でない。さらに、ビニールで被覆する保温開始から暖房を入れる加温開始期までは、昼間の温度が高すぎる傾向があり、これも適さない。イチゴの収穫期間中は夜温を五℃付近に下げるため、チリカブリダニにとっては温度が低すぎて適当でない。唯一適するのは、加温開始期から収穫前までの開花期である。この時期は昼の温度が適当で、チリカブリダニが活動しやすい温度帯である。

以上のように、チリカブリダニの放飼時期は加温開始から収穫期まで、または、次善の策として夜温が上がる三月以降が適当と思われる。

④ コレマンアブラバチ

活動可能温度は五〜三〇℃で、低温でも活動できるので収穫期にも使うことができる。ヤマトクサカゲロウの活動可能温度は一五〜三五℃、ショクガタマバエのそれは一六〜三五℃で、イチゴの収穫期の温度管理に適合する天敵資材は、コレマンアブラバチだけである。このアブラバチはチューリップヒゲナガアブラムシなどの大形のアブラムシには効果が期待できず、ワタアブラムシなどを標的害虫とする。

定植時の粒剤処理と組み合わせ、アブラムシの発生時に治療的に使用する場合と、発生前から予防的に使用する場合とが考えられる。定植時の粒剤処理と組み合わせ治療的に使用する場合は、アブラムシ発生時に、二週間おきに、一〇アールあたり五〇〇〜一〇〇〇頭を、アブラムシ発生個所の株元に処理する。予防的に使用する場合は、毎週一〇アールあたり一〇〇頭を、二〜三カ所に処理する。マミー

が一頭でも観察されたら、治療的防除に切り替える。

イチゴはナス科と比較して栽培夜温が低いので、ナス科の作物よりも多めの処理が必要である。ナス科の処理した成虫またはマミーを、発生株の葉上に少量ずつたたき出し処理する。処理位置は葉の陰などが適当である。ハウス内にアリが発生していると効果が下がることがあるので注意する。

(4) 天敵利用に使える薬剤

チリカブリダニやククメリスカブリダニ放飼中に使用できる殺虫薬剤と使用上の注意を表3に示した。

病気対策用薬剤の天敵資材などに対する影響の目安を表4に示した。イオウフロアブル、サプロール乳剤、トップジンM水和剤など一部のものを除いて、天敵資材に悪影響がないものが多

(5) 天敵を利用した防除の実際

表5に薬剤および天敵資材の処理手順を示した。

① 定植時の粒剤の植え穴処理

ククメリスカブリダニだけでは、低温期のミカンキイロアザミウマをおさえきれないので、定植時にモスピラン粒剤を植え穴処理しておく。この処理は、アブラムシ類、オンシツコナジラミなどの発生も抑えられる。モスピラン粒剤を使用した

表3 施設イチゴで使える殺虫剤と使用上の注意

農薬名	対象害虫	薬剤の特徴
アドマイヤー粒剤	アブラムシ類	・約2カ月残効期間がある。オンシツコナジラミに効果あり
ベストガード粒剤		・約1カ月残効期間がある。オンシツコナジラミに効果あり
モスピラン粒剤		・ミカンキイロアザミウマやオンシツコナジラミの予防にもなる。約1カ月残効期間がある
コテツフロアブル	ハスモンヨトウ ハダニ	・カブリダニへの影響があるので，定植直後の使用とする
コロマイト水和剤	ハダニ	・カブリダニに影響の可能性があるので，定植直後の使用とする
オサダン水和剤	ハダニ, チャノホコリダニ	・低温期には効果が劣る
アタブロン乳剤 カスケード乳剤 ノーモルト乳剤	ハスモンヨトウ	・ビニール被覆直後（保温開始期）～加温開始期に使用する
ロムダンフロアブル		・収穫中または保温開始期～加温開始期に使用する
BT剤*	ハスモンヨトウ	・収穫中または保温開始期～加温開始期に使用する

注） *デルフィン、フローバック、クオーク、レピターム、ゼンターリなどの商品がある（A, B, C順）

表4 イチゴの主な天敵資材，ミツバチへの殺菌剤の影響程度と期間の目安[*1, *2]

殺菌剤 \ 天敵資材 ★対象害虫	チリカブリダニ ★ハダニ			ミヤコカブリダニ ★ハダニ			ククメリスカブリダニ ★ミナミキイロアザミウマ			★ミカンキイロアザミウマ			コレマンアブラバチ ★アブラムシ類			ショクガタマバエ ★アブラムシ類			クサカゲロウ類 ★アブラムシ類			ボトキラー ★灰色かび病など	ミツバチ
薬剤の影響[*3]	卵	幼	残	幼	成	残	幼	成	残	マ	成	残	幼	成	残	幼	成	残	幼	成	残	芽胞	残
イオウF	◎	◎	0	—	◎	—	◎	◎	—	◎	◎	—	◎	◎	—	◎	◎	—	◎	◎	—	—	3
イオウ煙	◎	○	7	◎	△	7	—	—	—	—	—	0	△	◎	—	—	△	—	—	—	—	—	—
サプロール乳	◎	◎	0	—	◎	—	◎	◎	—	◎	◎	—	◎	◎	—	◎	◎	—	◎	◎	—	—	3
スミレックス水・煙	◎	◎	0	—	◎	—	◎	◎	—	◎	◎	—	◎	◎	—	◎	◎	—	◎	◎	—	◎	4
セイビアーF	◎	◎	0	—	◎	—	◎	◎	—	—	—	—	◎	◎	—	—	—	—	◎	◎	—	—	0
デラン水	—	—	—	—	—	—	—	—	—	—	—	—	—	—	—	—	—	—	—	—	—	—	—
トップジンM水	○	△	21	—	◎	—	◎	△	21	—	—	—	◎	◎	—	—	—	—	◎	◎	—	◎	0
トリフミン水	◎	◎	0	—	◎	—	◎	◎	0	—	—	0	◎	◎	—	—	—	0	◎	◎	—	◎	0
トリフミン煙	◎	◎	0	—	◎	—	◎	◎	0	—	—	—	—	—	—	—	—	—	—	—	—	◎	1
フルピカF	—	—	—	—	—	—	—	—	—	—	—	—	—	—	—	—	—	—	—	—	—	—	—
ポリオキシンAL水	◎	◎	0	—	◎	—	◎	◎	—	—	—	0	◎	◎	—	—	—	—	◎	◎	—	◎	4
ラリー乳・水	◎	◎	0	—	◎	—	◎	◎	—	—	—	—	◎	◎	—	—	—	—	◎	◎	—	—	—
リドミルMZ水	—	—	—	—	—	—	—	—	—	—	—	—	—	—	—	—	—	—	—	—	—	—	—
ルビゲン水	◎	◎	—	—	◎	—	◎	◎	—	—	—	—	◎	◎	—	—	○	—	◎	◎	—	◎	3
ロブラール水・煙	◎	◎	0	—	◎	—	◎	◎	—	—	—	0	◎	◎	—	—	—	0	◎	◎	0	◎	4

注) [*1] バイオロジカルコントロル，2002；根本，1998より作成
　　幼：幼虫への影響，成：成虫への影響，マ：マミーへの影響，残：影響を与える期間の目安（日）
　[*2] 各薬剤の使用に当たっては容器に表示されている注意条項を守る
　[*3] 影響の程度（◎：影響少ない，○：やや影響あり，△：影響あり，×：強い影響あり）

② 定植からビニール被覆直後の防除

定植直後からビニール被覆直後の、葉が繁茂しない時期に病害虫の防除を重点的に行なう。ハダニ対策にはコテツフロアブルやコロマイト水和剤など、うどんこ病対策にはモレスタン水和剤を散布する。これらの薬剤はカブリダニに悪影響があり、この時期に限定して使用する。また、ハスモンヨトウ対策にはカス

場合は、コレマンアブラバチの使用は必要ない。病害などによる欠株に補植した場合には、あらためて粒剤を処理しなければならない。これをおこたると、アブラムシが発生してしまう。

表5 促成栽培イチゴにおけるカブリダニ類使用時の薬剤処理手順

薬剤の処理時期	対象病害虫	処理薬剤の種類	処理量または濃度
定植時	アブラムシ類	モスピラン粒剤	1g/株
定植後	うどんこ病	モレスタン水和剤	3,000〜4,000倍
	ハダニ類	コテツフロアブル またはコロマイト水和剤	2,000倍 2,000倍
ビニール被覆直後 〜加温開始	ミカンキイロアザミウマ ハスモンヨトウ	ククメリスカブリダニ 次の薬剤の中から選んで散布する カスケード乳剤 アタブロン乳剤 ノーモルト乳剤 ロムダンフロアブル	50頭/床 (2〜3回) 2,000倍 (1〜2回処理)
	うどんこ病	ポリオキシンAL水和剤	5,000倍 (1回処理)
加温開始〜 収穫始め	うどんこ病	ポリオキシンAL水和剤	5,000倍 (1回処理)
	ハダニ	チリカブリダニ	1〜2頭/株 (1〜2回処理)

注 1) 採苗床および仮植床は雨よけにしたりポット育苗にするなどして炭そ病の発生を予防する
  2) 親株床および仮植苗には,各種病害虫に対して通常の防除を行なう。ただし,7月中旬以降の合成ピレスロイド剤,9月中旬以降の有機リン剤およびカーバメート系殺虫剤の散布はひかえる(カーバメート系粒剤は可能である)
  3) アブラバチはビニール被覆以降加温開始の間に使用するが,費用が高くなる心配がある

③ビニール被覆後の天敵利用と防除

定植期前後はイネ刈りと重なったり、秋雨の影響で作業が遅れたりと、病害虫の防除作業はおこたりがちであるが、この時期は薬剤もかかりやすく使用量も少なくてすむ利点があるので、きちんと防除したい。

ビニール被覆直後には、ミカンキイロアザミウマ対策に、ククメリスカブリダニを株あたり五〇頭を二〜三回花の咲いた株に処理する。ハスモンヨトウ対策にはククメリスカブリダニに悪影響がない、アタブロン乳剤、ノーモルト乳剤、ロムダンフロアブルのどれかを散布する。

また、この時期のうどんこ病対策にはポリオキシンAL水和剤を使用する。

加温開始以降収穫始めまでは温度がチリカブリダニに合っているので、この時期にチリカブリダニを処理してハダニ対策とする。

(根本 久)

施設栽培

ブドウ

(1) 対象害虫・天敵・フェロモンと防除のポイント

① 対象害虫とその特徴

施設ブドウで、天敵やフェロモンを利用した防除の対象になる害虫はカンザワハダニ、ハスモンヨトウ、チャノキイロアザミウマである（表1）。

〈ハスモンヨトウ〉 性フェロモン剤のヨトウコンHを処理する（ただし、現在のところヨトウコンHはブドウに対して未登録である）。ヨトウコンHはハスモンヨトウの合成性フェロモンを封入した交信かく乱剤である。

〈チャノキイロアザミウマ〉 黄色粘着トラップを設置して発生予察を行ない、防除の要否を判断する。

② 天敵とフェロモン利用のポイント

〈カンザワハダニ〉 天敵のチリカブリダニ（スパイデックス）を放飼する（表2）。チリカブリダニは体長〇・五ミリ、赤橙色で、ハダニ類を捕食する。

③ この防除法選択の条件

ブドウ（品種：デラウェア）では、図1に示したように作型が多岐にわかれている。ブドウの害虫相は作型によって異なるが、施設加温栽培は他の作型と比較して問題になる害虫が少なく、天敵やフェロモンを利用したIPM（総合的害虫管理）を実施しやすい作型である。

表1 施設栽培ブドウでの天敵，フェロモン利用防除の対象害虫の特徴

害虫	特徴と被害
カンザワハダニ	体長0.5mm，赤色で，施設加温栽培では3〜4月から発生する。葉裏から吸汁するため葉が黄変し，多発すると坪状に落葉して果実の糖度低下や着色不良を引き起こす
ハスモンヨトウ	施設加温栽培で発生し，成虫が卵塊で産卵するため，3〜4月に幼虫が集団で葉を食害する
チャノキイロアザミウマ	体長1mm，黄色で，年7〜8回発生し，6〜9月に多発する。加害されると果実は褐変して表面がコルク化し，葉は葉脈沿いに褐色カスリ状になり，新梢の生育が阻害される

表2 ブドウに適用登録されている天敵 (2003年2月現在)

天敵の種類	商品名	対象害虫	備　考
チリカブリダニ	スパイデックス	ハダニ類	・効果が現われはじめるまでに1〜2カ月を要するので、ハダニの発生初期に放飼する ・高温乾燥条件は定着に悪影響を及ぼす

注）ヨトウコンH（リトルア剤）については，現在登録がない

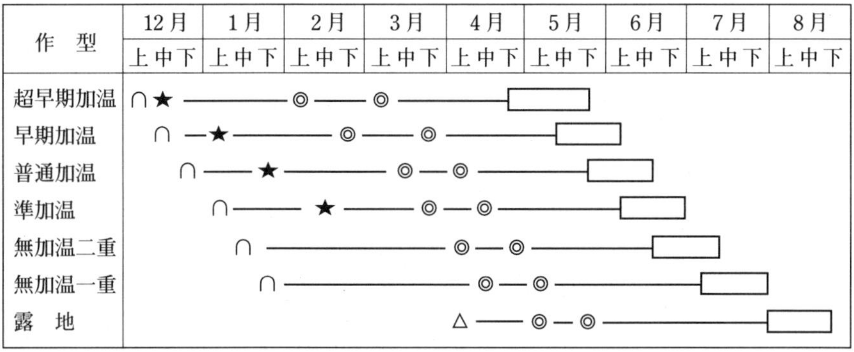

作　型	12月 上中下	1月 上中下	2月 上中下	3月 上中下	4月 上中下	5月 上中下	6月 上中下	7月 上中下	8月 上中下
超早期加温	∩★	―	◎	―	◎	□			
早期加温		∩　★	―	◎	―	◎	□		
普通加温		∩	★	―	◎	◎	□		
準加温			∩　★	―	◎	―	◎	□	
無加温二重			∩	―	―	◎	―	□	
無加温一重				∩	―	◎	◎	□	
露地					△	◎	◎		□

∩：ビニール被覆　★：加温開始　◎：ジベレリン処理　△：萌芽期　□：収穫期

図1　ブドウ（デラウェア）の作型

また、施設加温栽培では、加温機により十二〜三月でも夜温が一〇〜一五℃に保たれていること、ハウスのサイドビニールが開放される四月ころまで閉鎖空間となり、湿度が比較的高く保たれていることが、天敵やフェロモンを利用するのに好条件である。

なお、除草はビニール被覆前後に行ない、除草剤は殺ダニ効果のあるハービー液剤を使用する。

この防除方法はデラウェア以外の品種にも適応できるが、ガラス室ではビニールハウスより乾燥条件になり、チリカブリダニが定着しにくいという事例がある。したがってマスカット系品種など乾燥条件を好む品種では使いにくいことがある。

また、マスカット系品種の葉はデラウェアの葉と比較してハダニ類に弱く、ハダニ類が低密度でも被害が出て、黄変してしまうことがある。したがっ

て、ハダニ類に対して弱い品種には使いにくいことがある。

(2) 使える農薬と使用上の注意

天敵のチリカブリダニに対して悪影響の小さい薬剤は限られており、ブドウに農薬登録があり、チリカブリダニと併用できる殺虫剤はアドマイヤー水和剤とダイアジノン水和剤、殺ダニ剤はオサダン水和剤とニッソラン水和剤である（表3）。突発的な害虫の発生があった場合はこれらの薬剤を選択して使用する。

合成ピレスロイド剤はチリカブリダニに対して悪影響が大きく、施設内の天敵相を貧弱にしてハダニ類のリサージェンスの原因になるので、使用しない。

	6			7			8			9			10			11		
	上	中	下	上	中	下	上	中	下	上	中	下	上	中	下	上	中	下
				①フタテンヒメヨコバイ									①ブドウトラカミキリ					
				〈収穫後防除〉 ①パダンSG水溶剤									〈休眠期防除〉 ①トラサイドA乳剤					
				〈収穫後防除〉 ①パダンSG水溶剤									〈休眠期防除〉 ①トラサイドA乳剤					
期間の殺虫剤・殺ダニ剤散布は削減できる 判断して実施するが，加温栽培（とくに早期加温栽培）では基本的に防除の必要はない																		

総合防除体系例（品種：デラウェア）

表3 チリカブリダニと併用できる農薬と使用上の注意点

農薬名	防除対象害虫	使用上の注意点
アドマイヤー水和剤・顆粒水和剤・フロアブル	チャノキイロアザミウマ フタテンヒメヨコバイ	・発生初期の散布が有効。フロアブル剤は果実の汚れが少ない
オサダン水和剤25	ハダニ類	・ハダニ類の発生が多い場合は散布後にチリカブリダニを放飼する ・やや遅効的であるが、残効性に優れる
ダイアジノン水和剤34	クワコナカイガラムシ ハマキムシ類 アブラムシ類 ミドリヒメヨコバイ	・大粒種ブドウのみ登録があるので、小粒種ブドウには使用しない ・チョウ目害虫に対しては接触毒に優れるので、幼虫発生初期に散布する ・アブラムシ類には浸透移行効果があまり期待できないので、十分量をていねいに散布する
ニッソラン水和剤	ハダニ類	・ハダニ類の発生が多い場合は散布後にチリカブリダニを放飼する ・殺成虫効果がないため遅効的であるが、残効性に優れる

月	12			1			2			3			4			5		
旬	上	中	下	上	中	下	上	中	下	上	中	下	上	中	下	上	中	下
生育経過耕種管理など	⌒ビニール被覆			★加温開始						◎第1回ジベレリン処理			◎第2回ジベレリン処理			□収穫期		
対象害虫				①カイガラムシ類 ②ハダニ類			①ハダニ類 ②ハスモンヨトウ			①ハダニ類 ②チャノキイロアザミウマ ③フタテンヒメヨコバイ								
IPM体系	〈ハスモンヨトウ防除〉 ヨトウコンH (交信かく乱剤) 50m/10a (4カ月間有効)			〈発芽前防除〉 ①石灰硫黄合剤 ② 〃			〈第1回GA処理後防除〉 ①チリカブリダニ 時期：2〜3月 量：2個体/m² 回数：3回 ②防除なし			〈第2回GA処理後防除〉 ①防除なし ② 〃 *2 ③ 〃 *2 *2多発園ではアドマイヤー水和剤（チリカブリダニに影響なし）								
慣行防除体系				〈発芽前防除〉 ①石灰硫黄合剤 ② 〃			〈第1回GA処理後防除〉 ①ダニトロンフロアブル ②アディオン水和剤*1 *1ハスモン未登録（同時防除）			〈第2回GA処理後防除〉 ①ダニトロンフロアブル ②アディオン水和剤 ③ 〃								
注意事項その他	・交信かく乱剤（ヨトウコンH）および天敵（チリカブリダニ）の利用により、ブドウ生育 ・4月中旬のチャノキイロアザミウマ、フタテンヒメヨコバイに対する防除は、発生状況を （慣行では防除する園が多い）																	

図2 施設加温栽培（早期加温）ブドウの

(3) 天敵・フェロモンを利用した防除の実際

① 生育ステージと防除体系

施設加温栽培デラウェア（加温開始：一月上旬）での、防除体系を図2に示した。慣行防除体系では殺虫剤を年間五回（計七薬剤）散布するのに対し、IPM体系では年間三回（計三薬剤）に削減され、しかもブドウ生育期間中の殺虫剤散布は行なわない。

② チリカブリダニの放飼

チリカブリダニが定着するためには適度な温度と湿度が必要であり、高温低湿条件では定着が悪い。したがって、チリカブリダニの利用は適当な温度と湿度が継続する施設加温栽培が適している。チリカブリダニの放飼適期は施設加温栽培（十二〜一月加温開始）で、二〜四月で、放飼量は一〇アールあたり二〇〇〇個体の二週間間隔三回放飼が基準である。

チリカブリダニは増量剤のバーミキュライトごとティッシュペーパーに包んで、ブドウ棚面の亜主枝分岐点（五〇〜八〇カ所／一〇アール）に置く方法で放飼する（図3）。加温機周辺や温風ダクト吹き出し口周辺など、ハダニ類が発生しやすい場所には多めに放飼する。

③ 十二〜三月は交信かく乱剤の効果が高い

施設加温栽培では十二〜三月が密閉状態になるため、ヨトウコンHの処理による交信かく乱の効果が高い。ヨトウコンHの処理適期は施設加温栽培ではビニール被覆直後の十二〜一月で、処理量は一〇アールあたり五〇〜一〇〇メートル（ロールタイプ）の一回処理が基準である。なお、ヨトウコンHの効果は三〜四カ月間続くため、一回処理で栽培期間をカバーすることができる。

ヨトウコンHはブドウ誘引用の針金を用いて、ブドウ棚面（高さ約二メートル）の針金に固定する方法で施設内に均等に設置する（図4）。なお、傾斜地では高所の処理量を多くする必要

図3 チリカブリダニの放飼状況

がある。また、施設のサイドや開口部には目合い五ミリ以下の寒冷紗などを張り、施設外で交尾した雌成虫が侵入しないようにする。

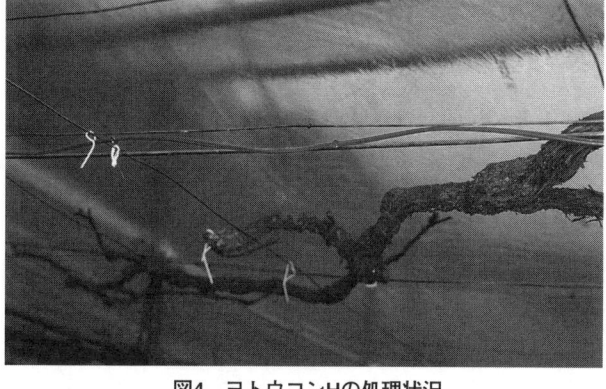

図4 ヨトウコンHの処理状況

④ チャノキイロアザミウマの防除は予察で判断

チャノキイロアザミウマは、黄色粘着トラップを施設内に設置して誘殺された成虫数を七〜一〇日間隔で調査し、誘殺数が多い場合に防除を実施する（図5）。一般的に、施設加温栽培での成虫の誘殺は十二〜三月はほとんど認められず、誘殺数は四〜五月に増加する。

しかし、施設加温栽培のデラウェアは四〜五月が果実肥大期〜収穫直前であり、四月以降に発生が増加しても果実の被害はほとんどないので、この作型では薬剤散布は不要である。被害が多発するのは施設内での越冬量が多いためで、ビニール被覆前後の落葉処理や除草などを徹底する。

一方、巨峰、ピオーネなどの大粒系品種では収穫期が遅いため、四月以降に誘殺数が増加すると果実被害が発生するので防除が必要である。

図5 黄色粘着トラップの設置状況

⑤ 天敵を活かす病害防除の注意

ブドウの主要病害には灰色かび病などがあるが、施設加温栽培のデラウェアでは大きな問題にはならない。

131　ブドウ

また、ブドウに登録のあるほとんどの殺菌剤は、天敵のチリカブリダニに対する悪影響が非常に小さく、併用が可能である。

(4) 天敵利用と農薬防除の労力と経費の比較

① コストはかかるが省力、高品質に

チリカブリダニ三回放飼とヨトウコンH一回処理の資材コストは合わせて一〇アールあたり約三万円であり、ダニトロンフロアブルとアディオン水和剤の各二回散布の資材コスト約八〇〇円とくらべて割高になる。

しかし、IPM体系は以下のような利点がある。①省力的‥一般的に農家は複数の作型を同時管理しており、ジベレリン処理などに追われて薬剤散布に十分手が回らないうえ、傾斜地での薬剤散布は重労働になる。これに対し、チリカブリダニとヨトウコンHの処理時間はそれぞれ一〇アール一人あたり二五分と一八分であり、一人でできる軽労働である。②高品質志向‥収穫直前の薬剤散布にともなう汚れや果粉溶脱は、品質や価格の低下をもたらすが、これらのリスクを軽減できる。

② 無農薬栽培も可能

大阪府羽曳野市の農家ハウス（面積一二～二〇アール、品種デラウェア、超早期加温栽培（十二月中旬加温開始）で、チリカブリダニは二月中旬～三月中旬、二週間ごとに三回放飼し、ヨトウコンHは十二月中旬に一回、一〇アールあたり五〇メートルを棚面に処理したところ、カンザワハダニの発生密度は長期間低く推移し、ハスモンヨトウによる食害新梢率も極めて低く推移した。また、トビイロトラガ、クワゴマダラヒトリ、ハマキムシ類、アカガネサルハムシの発生も少なく、殺虫剤散布には至らなかった。栽培期間中の殺菌剤の散布もなく、収穫まで農薬無散布で病害虫管理が可能であった。

（柴尾　学）

オウトウ

施設栽培

(1) 対象害虫と天敵導入の条件

①対象害虫

施設内で樹を管理し続ける加温促成の栽培では、とくに収穫後の六月以降に発生が目立ってくるナミハダニ（図1）が問題となる。本種が多発すると落葉が早まり、花芽の充実が不足し、結果的に翌年の収量に影響してしまう。収穫後といえども、この時期のナミハダニの防除は気を抜くわけにはいかない。

そこで、ナミハダニの防除に天敵チリカブリダニ（図2）を利用すると、ダニ剤の散布を省くことができる。

②天敵の導入条件

天敵を導入する栽培様式は、一月から雨よけ施設で加温する促成栽培で、収穫もおよそ九月までは雨よけとする。雨よけの期間を長くするのは、収穫を早めることと、せん孔病などの病気の発生を抑制し、減農薬栽培をめざすためである。

オウトウに寄生するハダニの種類は、ナミハダニのほかにリンゴハダニやカンザワハダニ、オウトウハダニがあるが、チリカブリダニはナミハダニをもっとも好んで捕食するため、発生しているハダニの種類によっては効果

図2 チリカブリダニ

図1 ナミハダニ

害虫名	天敵名	選択性殺虫剤	1月 2月 3月 4月 5月 6月 7月 8月 9月 (雨よけ，　(開花期)　(収穫期)　　　(雨よけ 加温開始)　　　　　　　　　　　　解除)
ナミハダニ	チリカブリダニ	マイトコーネ カネマイト バロック オサダン ニッソラン カーラ	チリカブリダニ 　　　　　　　　　▼ 　　　　　　　　-------------
クワシロカイガラムシ	—	スプレーオイル スプラサイド	発生の初期に殺虫剤を散布 （マシン油は発芽前まで）
ウメシロカイガラムシ	—	ハーベストオイル	
ハマキガ類	—	BT剤 IGR剤	発生した場合，初期に 　　　選択性殺虫剤を散布 　　　-------------
ヒメシロモンドクガ	—	IGR剤	発生した場合，初期に 　　　　　　選択性殺虫剤を散布 　　　　　　-------------

図3　加温促成オウトウでのチリカブリダニを利用した防除体系

注　1)　実線は当該害虫の発生が多い時期，破線は発生が比較的少ない時期を示す
　　2)　ナミハダニ以外のハダニ（リンゴハダニやカンザワハダニ）が発生した場合は，チリカブリダニの効果が低いと考えられるため，図中の選択性殺虫剤かコロマイト，コテツ，ダニトロン，サンマイト，ピラニカなどの散布で対応する
　　3)　スプラサイドを散布した場合は，最低3週間以上の間隔をあけてチリカブリダニを放飼する

図4　チリカブリダニの放飼の方法

（ティッシュペーパーなどに包んで2カ所の枝に引っ掛ける）

(2) 天敵を利用した防除の実際

① チリカブリダニ利用のタイミング

チリカブリダニ利用の成否は，放飼するときのハダニの発生程度により左右される。放飼するタイミングは，ナミハダニが圃場内にわずかに見え始めがないこともあるので，発生している種類を確認する必要がある。

また，一般にチリカブリダニは高温に弱いといわれるが，施設内の最高気温が40℃を超えるようなことがあっても，数時間以上続くことがなければ大丈夫である。

134

たときである。それぞれの地域や圃場で例年発生する時期に見当をつけて観察することが必要であるが、平均で一葉あたり一頭以下の密度のうちに放葉するのが理想である。

図5 チリカブリダニ放飼個所数の違いによるナミハダニの推移
（放飼頭数：200頭/樹，樹齢：8年生）

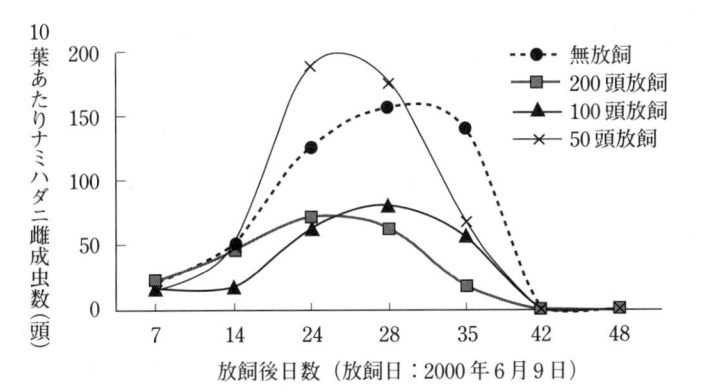

図6 チリカブリダニ放飼頭数の違いによるナミハダニの推移
（放飼個所数：2カ所/樹，樹齢：8年生）

② 放飼の方法

ペーパータオルやティッシュペーパーなどで緩衝材のバーミキュライトごとチリカブリダニを包んで、主枝または側枝に引っ掛ける（図4）。チリカブリダニを株元や葉上にそのまま放飼してしまうと、分散したり、こぼれ落ちたりして、樹上に残る個体が少なくなり、効果が期待できないので注意する。

また、一樹あたりの設置個所数による効果に差はないので、放飼する個所数は二個所で十分である（図5）。

放飼頭数は、図6に示したように一樹あたり五〇頭ではまったく効果がないので、一〇〇頭程度の放飼が必要である。

③ 効果の判断は二〜三週間後に

チリカブリダニを放飼しても、ナミハダニの密度はすぐには低

135　オウトウ

する場合がある。ハマキガ類やケムシ類の防除は、チリカブリダニを保護するためにBT剤やIGR剤の散布が望ましい。カイガラムシ類にはマシン油乳剤や有機リン剤を散布する。

病気は通常、灰星病や炭そ病、せん孔病などが発生するが、一月から九月まで雨よけにするため、これら雨滴伝染性の病気の発生は大幅に抑制され、年間一一回程度行なっている殺菌剤の使用はほとんど省ける。

(4) 天敵利用と農薬防除の労力・経費の比較

通常、慣行的な栽培での防除回数は、殺虫剤、殺菌剤の混用を含めて年間一一回程度である。そのほとんどが殺菌剤の散布である。本栽培体系では殺菌剤散布の多くが省略できる。害虫は、カイガラムシ類や、場合によってはハ

表1 チリカブリダニ放飼樹での葉色値

(2000年6月9日放飼, SPAD502, 8月10日調査)

放飼頭数（頭/樹）	葉色値
200	32.4
100	33.0
無放飼	27.8
慣行防除	35.7

下しないし、しばらくはナミハダニも増えてくる。チリカブリダニが見えてくるのは、放飼してからほぼ二～三週間後になる。ルーペで葉の裏を見て、朱色でツヤがあり、動きの早いダニが簡単に見つかれば成功である。よく見ると、色が薄くて小形の幼虫や、ナミハダニの死亡虫も確認できるはずである。

効果の判定は八月の葉色値でも判断できる。葉緑素計（SPAD502）の葉色値が三〇以上であれば可といえ

④ 追加防除の判断

チリカブリダニの一回放飼でも、たいていは翌年まで殺ダニ剤を散布する必要はないが、放飼から約一カ月経過してもチリカブリダニがナミハダニの増殖に追いつかないようであれば、チリカブリダニに影響の少ない薬剤を併用する。影響の少ないとされている殺ダニ剤を表2に示した。

(3) 他の害虫や病害の防除

ハダニ以外の害虫としては、ミダレカクモンハマキやリンゴコカクモンハマキなどのハマキガ類、ヒメシロモンドクガなどのケムシ類、冬期から四月ころにかけてはカイガラムシ類が発生

表2　天敵利用で使える農薬とその特徴

農薬名	防除対象害虫	チリカブリダニへの影響	特徴や注意点
マイトコーネフロアブル	ハダニ類	なし	すべてのステージに効果がある
カネマイトフロアブル		なし	
バロックフロアブル		若干あり	殺卵・殺幼虫剤
オサダンフロアブル		なし	幼虫に効果がある
ニッソラン水和剤		なし	殺卵・殺幼虫剤
カーラフロアブル		なし	ニッソランとは類似した作用成分を含む
スプラサイド水和剤	クワシロカイガラムシ	あり	散布後にチリカブリダニを放飼する場合、最低3週間以上あける
スプレーオイル		直接散布しないかぎりなし	発芽前までに散布する
ハーベストオイル	ウメシロカイガラムシ		
ガードジェット水和剤 デルフィン顆粒水和剤	ハマキガ類	なし	BT剤。若齢幼虫期に散布する
アタブロンSC ロムダンフロアブル		なし	IGR剤。若齢幼虫期に散布する
カスケード乳剤	ハマキガ類 ヒメシロモンドクガ	なし	IGR剤。若齢幼虫期に散布する

マキガ類やドクガ類の防除を実施せざるをえないかもしれないが、年に二、三回散布する殺ダニ剤は、チリカブリダニの年一回放飼に替えることができる。製剤の価格のみの比較では年間でチリカブリダニ剤は殺ダニ剤の約一・七倍程度になるが、前述（135ページ）したように天敵剤の取り付け作業は省力であり、労力の軽減を考えると、決して高い防除法ではない。

（宮田　将秀）

樹園地

カンキツ

樹園地

(1) 対象害虫・主要天敵と防除のポイント

カンキツの害虫は被害の違いで三つ、天敵で防除できる程度でも三つに分けることができる。これらをまとめたのが表1である。

① 対象害虫と天敵利用のポイント

カンキツは、海外から導入した天敵による防除の成功例がもっとも多い。表1、2の＊印のついたものが海外から導入して成功した天敵である。ルビーロウムシの天敵ルビーアカヤドリコバチは人為的に導入したものではないが、害虫よりも遅れてはいってきて、すばらしい天敵として活躍している。いずれの害虫も、各地のカンキツ栽培地帯で猛威を振るっていたが、天敵が導入され効果が高いとわかると、これらの天敵は増殖されて広範なカンキツ栽培地帯に放飼された。今では天敵が定着しているところが多いと思われるが、周囲にカンキツの栽培地帯がなかったり、すでに害虫が発生しているところでは、天敵の放飼を行なうべきである。

ベダリアテントウムシ、シルベストリコバチ、ルビーアカヤドリコバチは、国の事業として静岡県柑橘試験場（〒四二四―〇九〇五 静岡県静岡市清水駒越西二―一二―一〇）で増殖配布を行なっており、無償で配布が受けられる。配布が受けられない天敵については、地域の農業改良普及センターなどに相談して定着地からの持ち込みを考えたい。

ゴマダラカミキリも樹を枯らしてしまう害虫である。有力な土着の天敵はいないが、ボーベリア・ブロンニアティというカビで防除ができ、バイオリサ・カミキリという商品名で市販されている。

表1　カンキツの害虫の分類と主要天敵

	激しい被害を起こす害虫と天敵		ときどき被害を起こす害虫と天敵		商品性だけを損なう害虫
	害　虫	天　敵	害　虫	天　敵	
天敵で防除できる害虫	イセリヤカイガラムシ ヤノネカイガラムシ ミカントゲコナジラミ ルビーロウムシ ゴマダラカミキリ	ベダリアテントウムシ* ヤノネキイロコバチ*，ヤノネツヤコバチ* シルベストリコバチ* ルビーアカヤドリコバチ* ボーベリア菌			
天敵だけでは十分に防除できない害虫	ミカンハダニ	ケシキスイ類，カブリダニ類，キアシクロヒメテントウ	ミカンコナジラミ アブラムシ類 ミカンハモグリガ ミカンワタカイガラムシ	アスケルソニア菌 アブラバチ，テントウムシ類，ヒラタアブ ヒメコバチ類 寄生蜂類	
天敵では防除できない害虫	ミカンサビダニ		カメムシ類 クワゴマダラヒトリ		チャノキイロアザミウマ 訪花害虫

注）＊は海外からの導入天敵

天敵を利用し、農薬を減らすとカンキツ園の生物相が多様かつ豊富になる。そうなると、とくに温州みかん園ではミカンハダニやチャノキイロアザミウマの密度や被害が少し減ってくる。一方、ときどき被害が少し減ってくる。一方、ときどきアブラムシ類やミカンワタカイガラムシ、ミカンコナジラミ、コナカイガラムシ類などが多くなるときがある。このときあせって天敵に影響のある農薬をかけると、今まで増えてきた天敵に大打撃を与えてしまう。農薬の使用は、害虫によるすす病がひどくなるまでは我慢する。

② **主要天敵と見分け方**
　天敵の見分け方、また害虫と天敵の発生時期との関係は表3、図1を参照していただきたい。

③ **天敵利用の条件**
　天敵を利用した防除体系を採用しよ

表2 カンキツの主な天敵の特徴と使い方

主な天敵	対象害虫	特徴	使い方
ベダリアテントウムシ*	イセリヤカイガラムシ	幼虫、成虫ともにイセリヤカイガラムシのみを捕食する有力な天敵。オーストラリア原産でアメリカ、台湾を経て1911年に導入された	増殖機関から配布された幼虫が入った袋をイセリヤカイガラムシの集団の近くの枝に画鋲などでつける。なるべく分散して放飼する。影響のある殺虫剤の散布は、放飼前1週間、後1カ月はひかえる
ヤノネキイロコバチ* ヤノネツヤコバチ*	ヤノネカイガラムシ	両種とも成虫が1mm前後の小さな寄生蜂。ヤノネキイロコバチは外部寄生蜂で、主に未成熟成虫に寄生する。ヤノネツヤコバチは内部寄生蜂で成熟成虫に寄生する。両種が同時に働くことで防除効果が高くなる。1980年に中国から導入された	増殖配布は行なっていないが、発生地から持ち込むときは、影響のある殺虫剤の散布を放飼前1週間、後1月間はひかえる
ルビーアカヤドリコバチ*	ルビーロウムシ	成虫が1.5mmの内部寄生蜂。ハチはロウムシの幼虫に産卵し、ロウムシが3齢幼虫あるいは成虫になったときハチの成虫が羽化する	ロウムシの中でハチが蛹になった状態で、増殖機関から配布される。ロウムシがついた枝を編み目の袋かカゴに入れ、樹の幹にふれないように樹の下におく。殺虫剤散布の注意については前種と同じ
シルベストリコバチ*	ミカントゲコナジラミ	成虫が1mm以下の寄生蜂。コナジラミの若齢幼虫に産卵し、寄主が蛹になる時期にハチが羽化する。1925年中国から導入された	コナジラミの中でハチが蛹になった状態で、増殖機関から配布される。コナジラミのついた葉を枝ごと袋に入れ、多発生樹の枝につるす。殺虫剤散布の注意については前種と同じ
アスケルソニア菌	ミカンコナジラミ	コナジラミ類の代表的な昆虫寄生性糸状菌。幼虫や蛹に寄生し、一つの園地で発生し始めると、急速に寄生率が高くなる。とくに、湿度が高いと発生が多くなる	増殖配布は行なっていない。発生地から持ち込むときは、寄生されたコナジラミがついている葉を枝ごと切り、コナジラミの防除薬剤に浸漬した後、発生樹の上部の枝につるす。持ち込みはなるべく雨の多い時期に行ない、殺菌剤の散布は極力ひかえる
ボーベリア・ブロンニアティ（商品名：バイオリサ・カミキリ）	ゴマダラカミキリ	昆虫寄生性糸状菌の一種で、カミキリムシの皮膚を貫通して体内に侵入し、体液中の養分を奪い、7～10日で死に至らしめる。本剤は、パルプ不織布に菌を固定した製剤で販売されている	成虫が羽化してくる食入部位付近に製剤のシートを巻き付け、ずり落ちないようにホッチキスで両端をとめるか、幹に直接張り付ける。有効期間は約30日。残効性を保つために、雨が流れる部分や直射日光の当たる場所を避けて設置する。防除効果を確保するため10a以上での設置が望ましい

注）*は海外からの導入天敵

表3　カンキツの主要天敵の見分け方

天敵	対象害虫	見分け方
ベダリアテントウムシ	イセリヤカイガラムシ	・イセリヤカイガラムシが集団で発生している中に，5mmくらいの赤っぽいテントウムシで，その場所を離れないでいたらほぼ間違いなくベダリアテントウムシ ・テントウムシの成虫がいなくても，ダンゴムシを平べったくしたような赤黒い虫がいたら，それが幼虫
寄生蜂（ヤノネキイロコバチ，ヤノネツヤコバチ，シルベストリコバチ，ルビーアカヤドリコバチ，ほか）	ヤノネカイガラムシ，ミカントゲコナジラミ，ルビーロウムシほか	・カイガラムシ類やコナジラミ類の天敵のハチは，とても小さいので見分けるのは困難 ・ハチ成虫の発生期に，カイガラムシの介殻やコナジラミの蛹に丸い小さな穴があいていたら，ハチの成虫が出てきた穴。穴のあいた介殻などが多いほど天敵による寄生率が高い
アスケルソニア菌	ミカンコナジラミ	・天敵におかされたコナジラミは胞子体のため，固く盛りあがり，赤くなる。なお，周囲は白くふちどられる
ボーベリア菌	ゴマダラカミキリ	・天敵におかされたゴマダラカマキリは白いカビを体中につけて死んでおり，見ればひとめでわかるが，死骸はあまり目につかない ・天敵の効果があったかどうかは，幼虫の食入状況で判断。前年の食入数より激減していれば効果あり

うと思うなら，果実の外観が多少損なわれることを覚悟すべきである。

また，ネーブルなどチャノキイロアザミウマの被害がひどい種類では，果実の外観だけでなく肥大にも影響するのでチャノキイロアザミウマの密度が高い産地では天敵を利用した防除体系を採用するのはむずかしい。

④ 使える農薬と使用上の注意
　（表4参照）

カイガラムシ類，コナジラミ類の防除には，IGR剤であるアプロードフロアブルが使用できる。しかし，ベダリアテントウムシなどテントウムシ類には悪影響があるので，頻繁に使うのは避ける。

外観を損なう一番の原因であるチャノキイロアザミウマには有力な天敵がいないため，被害を抑えるためには殺虫剤を散布するしかない。しかも天敵に影響がある薬剤が多いので，この害虫の防除を徹底しながらの天敵利用は考えられないからである。

(2) 天敵を利用した防除の実際

① 生育ステージと防除体系

カンキツで利用する天敵は，ほとん

外観を品質の一部として評価されるような出荷形態には向かない。というのは，

6月			7月			8月			9月			10月			11月			12月		
上	中	下	上	中	下	上	中	下	上	中	下	上	中	下	上	中	下	上	中	下
果実肥大期												収穫期								

時　期

虫と天敵の発生時期

どが基本的に一度だけ放飼して定着させる永続的利用天敵か在来天敵である。永続利用といっても、最初の放飼や効果がなくなったときの再放飼は、なるべく分散して放飼すると天敵の効果が早く現われる。天敵を放飼する一週間前と放飼後一カ月は、農薬の散布をひかえる。

表5にあるような効果的時期に行なう。各天敵は表2のように放飼するが、

果実外観への多少の影響を問わなければ、この防除体系の重要な基幹的防除は冬のマシン油乳剤だけである。ロウムシ類以外のカイガラムシ類とハダニにも防除効果があるので、ぜひやっておきたい。

②害虫の発生と追加農薬防除の判断・方法

それでもときどき害虫が増えることがある。表1の「ときどき被害を起こす害虫」である。幼木でなければ、夏芽につくアブラムシやミカンハモグリガは実害はあまりないので、防除はがまんする。ミカンワタカイガラムシ、ミカンコナジラミも天敵がやっつけてくれるまで、しんぼう強くがまんする

142

月			1月			2月			3月			4月			5月		
旬			上	中	下	上	中	下	上	中	下	上	中	下	上	中	下
カンキツ生育ステージ			休眠期									春芽発生期			開花期		
害虫・天敵名	ステージ等														発		生
イセリヤカイガラムシ	幼虫ふ化期																
○ベダリアテントウムシ	活動時期													←			
ヤノネカイガラムシ	幼虫ふ化期														←		
○ヤノネキイロコバチ	成　虫								←→					←			
○ヤノネツヤコバチ	成　虫														↔		
ルビーロウムシ	幼虫ふ化期																
○ルビーアカヤドリコバチ	成　虫																
ミカントゲコナジラミ	成　虫											←→					
○シルベストリーコバチ	成　虫											←→			→		
アブラムシ類	発生期													←			
ゴマダラカミキリ	産卵期																
チャノキイロアザミウマ	活動時期														←		
ミカンハダニ	活動時期											←			→		

図1　温州ミカンの害

カンキツの生育ステージと害虫・天敵の発生時期は静岡県の平野部を想定している
○は天敵

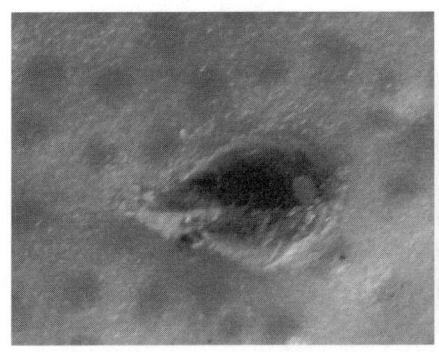

図3　ヤノネキイロコバチが脱出した穴があるヤノネカイガラムシの介殻

図2　ベダリアテントウムシ成虫

表4 天敵利用防除で使える農薬と使用上の注意

農薬名	対象害虫	使用上の注意
マシン油乳剤 （トモノールS ハーベストオイル アタックオイル）	ヤノネカイガラムシ ナシマルカイガラムシ ハダニ類	散布ムラや散布後の降雨は効果の減退が大きい
アプロードフロアブル	ヤノネカイガラムシ アカマルカイガラムシ コナカイガラムシ類 ミカントゲコナジラミ	対象害虫が増える兆候があるときに用いる。ベダリアテントウムシには影響があり
バロックフロアブル	ハダニ類 ミカンサビダニ	ボルドー液との混用，近接散布は避ける
マイトコーネフロアブル	ミカンハダニ ミカンサビダニ	ボルドー液との混用は効果が落ちるので避ける
レターデン水和剤	ミカンサビダニ ミカンハモグリガ	成虫には効果がない。ベダリアテントウムシへの影響は不明
カスケード乳剤	ミカンハモグリガ	成虫には効果がない。ベダリアテントウムシには影響があり

表5 天敵を活用したカンキツの防除体系（静岡）

散布回数	防除時期	基本となる防除	発生に応じた防除
1	12月下旬〜1月中旬または3月	①マシン油乳剤（97%）60倍	
	4月中〜下旬		シルベストリコバチの放飼
	5月上旬〜6月下旬		ベダリアテントウムシの放飼　100幼虫/10a
			ルビーアカヤドリコバチの放飼　500頭/10a
2	6月上〜中旬	（殺虫剤省略）	
	6月上〜下旬	（殺虫剤省略）	バイオリサ・カミキリ 50〜100シート/10a
3	7月上〜中旬	（殺虫剤省略）	
4	7月下旬	（殺虫剤省略）	
5	8月中〜下旬	（殺虫剤省略）	
6	9月中旬	②バロックフロアブル 3,000倍	
7	10月中旬以降	（殺虫剤省略）	

ことが必要である。

ミカンサビダニは、殺虫剤の散布が少なくなると多発することがある。殺菌剤のマンネブ水和剤、マンゼブ水和剤が効果があるが、最近効果が低下した地域が見られる。そこでは、IGR剤のレターデン水和剤が有効である。また、マイトコーネフロアブルも寄生蜂に影響の少ないことが知られている。

ナシマルカイガラムシや、南九州で発生するアカマルカイガラが増えてきたら要注意である。これらの害虫は木を枯らしてしまうこともあるので、幼虫の発生期に天敵に影響の少ないアプロードフロアブルで防除する。

秋にカメムシ類が多数飛来し、果実を吸汁して大きな被害を与えることがある。天敵に影響の少ない農薬はないため、残効期間が短い有機リン剤のスミチオン乳剤やエルサン乳剤を散布すると効果は劣る。

(3) 土着天敵を増やす工夫

天敵昆虫などに影響のある農薬をかけないことが、土着天敵を増やす最大の要因であるが、なかには人為的に持ってこないとなかなか発生してくれない天敵がいる。ミカンコナジラミの天敵である「アスケルソニア菌」はそのよい例である。

(4) 天敵を活かす病害防除の注意

カンキツで用いられる主な殺菌剤は、DMI剤（マネージ水和剤、ベフラン液剤など）、有機イオウ剤（エムダイファー水和剤、サンパー水和剤など）、銅剤（コサイドボルドー、Zボルドーなど）、ベンゾイミダゾール剤（トップジンM水和剤、ベンレート水和剤など）がある。これらの殺菌剤は天敵昆虫やカブリダニにはほとんど影響がない。しかし、微生物天敵には、ほとんどの殺菌剤は悪影響を与えると考えられる。カミキリ防除にバイオリサ・カミキリを設置したときは、幹に巻いたシートに殺菌剤がかからないように注意する。また、ミカンコナジラミにアスケルソニア菌が発生している時は、影響が大きい銅剤、有機イオウ剤やベンゾイミダゾール剤の使用は避ける。

できれば、枯枝処理による黒点病の防除、夏秋枝の切り取りによるそうか病の防除、風よけによるかいよう病の防除など、農薬を使用しない防除法を積極的に取り入れる。

(5) 天敵利用と農薬防除の労力・経費の比較

温州ミカンを想定し、天敵を利用した防除体系と慣行防除の経費を比較したのが表6である。二〇〇二年に使用された静岡県の防除暦を参考にして計算した。

慣行防除の臨機防除に、天敵のターゲットになっているヤノネカイガラムシ、ルビーロウムシ、イセリヤカイガラムシの防除が入っていないが、別の害虫と同時防除されてしまうからである。しかし、いったん殺虫剤の散布を減らしたらもっともやっかいな害虫に変身するので、天敵放飼は欠かせない。

天敵利用防除ではゴマダラカミキリの生物農薬が少々高くつくが、それでも慣行防除より安くなる。ただし、チャノキイロアザミウマを防除しないため、外観が損なわれる。外観を重視する市場では、経費の削減以上に販売価格が安くなるおそれがあるので、減農薬に理解のあるところに出荷する。

カンキツで使用する天敵はバイオリサ・カミキリを除いて永続利用なので、放飼時以外には労力がかからないうれしい天敵である。

（多々良　明夫）

表6　温州ミカンの害虫防除経費

慣行防除			
	対象害虫	散布回数	金額(円)
基幹防除	カイガラムシ類，ハダニ類	1	2,770
	ミカンハダニ	4	9,934
	チャノキイロアザミウマ	3	12,143
	ゴマダラカミキリ	1	5,333
	小計		30,180
臨機防除	アブラムシ類	1	2,556
	ミカントゲコナジラミ	1	3,384
計			36,120

天敵利用防除			
	対象害虫	散布回数	金額(円)
	カイガラムシ類，ハダニ類	1	2,770
	ミカンハダニ	1	3,584
	ゴマダラカミキリ(生物農薬)	1	12,500
	計		18,854

リンゴ

（1）リンゴの主要害虫と交信かく乱剤

① 主要害虫と防除の課題

リンゴの害虫防除体系は、キンモンホソガ、シンクイムシ類、ハマキムシ類、アブラムシ類、カイガラムシ類およびハダニ類を防除するために組み立てられてきた。

これまでの化学合成殺虫剤一辺倒の害虫防除は、二次害虫であるハダニ類の恒常的な多発生などさまざまな弊害を引き起こしてきた。

交信かく乱剤（性フェロモン剤）を利用し、土着天敵の保護を視野に入れた害虫防除体系（以下、フェロモン体系）により、化学合成殺虫剤の依存度を低減することができる。

② 交信かく乱剤と対象害虫

リンゴ用複合交信かく乱剤には、現在、コンフューザーAとコンフューザーRの二種類の製剤がある。コンフューザーAは、キンモンホソガ（図1）、ナシヒメシンクイ、ハマキムシ類（図2）、モモシンクイガの同時防除を可能にした。コンフューザーR（図3）は、キンモンホソガの成分が取り除かれ、ハマキムシ類の成分が強化されている。シンクイムシ類に対してはコンフューザーA同様高い防除効果があ

図2 リンゴモンハマキ成虫　　　図1 キンモンホソガの成虫

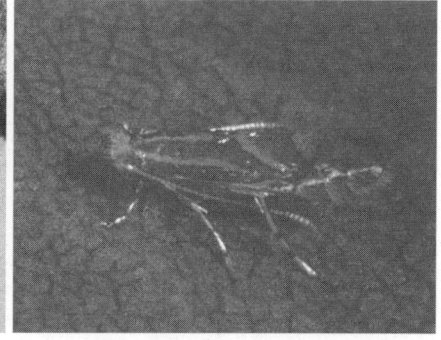

る。両剤ともに効果は四カ月程度持続するので、一回の処理で重要な防除時期をほぼカバーできる。さらに選択性殺虫剤を効率的に併用することで、より高い防除効果が得られる（図4）。

図3 コンフューザーRの設置状況

(2) 交信かく乱剤を利用した防除の実際

① 交信かく乱剤の処理方法

交信かく乱剤は、ハマキムシ類の越冬世代成虫（第一回成虫）が羽化する前の五月中旬までに、コンフューザーAは一〇アールあたり二〇〇本、コンフューザーRは、一〇アールあたり一〇〇本の割合で目通りの高さ（地上約一・二メートル～二・〇メートル）の枝に取り付ける。

安定した交信かく乱効果を得るには、園内のかく乱成分濃度を維持することが大切になる。風の影響を受けやすい園周縁部では、中央部にくらべて取り付け本数をやや増やすなどの工夫も必要になる。

図4 キンモンホソガに対する交信かく乱処理と殺虫剤による補完防除の効果
（福島市, 1995）

枝あたり被害痕数は、各世代終了時点での累積値を示す

交信かく乱処理＋補完防除は、6月19日（第2世代ふ化幼虫期）にアドマイヤー水和剤を1回散布した

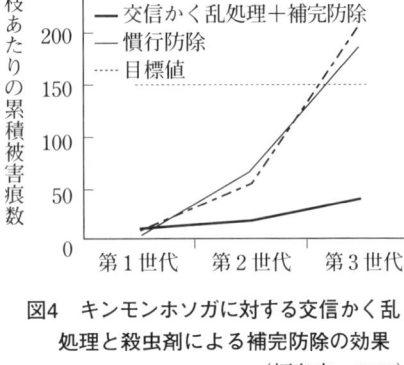

目標値は、9月中旬（防除終了時点）での暫定値（枝あたり累積被害痕数150個）である

148

② 防除の判断と防除体系

交信かく乱効果は、害虫の初期密度、周辺の環境や気象条件によって左右される。したがって、補完防除は、害虫の発生に応じて、効率的に行なわなければならない。表1に主要害虫に対する防除体系を示したが、殺虫剤は慣行防除の半分以下ですむ。

〈キンモンホソガ〉 交信かく乱処理前に発生する第一世代幼虫（六月上旬ころの被害痕数）の発生密度に左右される。六月中旬（第二世代ふ化幼虫期）にアブラムシ類との同時防除をかね、モスピラン水溶剤などのネオニコチノイド剤で防除する。

〈シンクイムシ類〉 前年の果実被害の程度で判断する。前年の被害果率が許容できる範囲内（全体の被害果率が〇・五％以下）であれば、七月上旬と八月中旬（中晩生種のみ）にネオニコチノイド剤や有機リン剤を散布すれば

十分である。ネオニコチノイド剤や有機リン剤を選んだのは、カイガラムシ類を同時に防除するためである。

〈ハマキムシ類〉 シャクトリムシ類やケムシ類の同時防除を考慮し、四月中旬（展葉期）にロムダンフロアブル、七月下旬にはカスケード乳剤などのIGR剤で防除する。また、IGR剤にかえてBT剤の散布も効果が高い。IGR剤やBT剤は、カブリダニ類、ハマキムシ類やシャクトリムシ類の寄生蜂に対して影響が小さい。

③ 重要な補完防除時期の把握

効率的な害虫防除を実施するには、薬剤による防除適期をつかむことが重要である。福島県では、主要害虫の防除時期を有効積算温度をもとに推定している。現在、キンモンホソガ、ハマキムシ類、ナシヒメシンクイおよびリンゴハダニの予測が可能で、推定結果

は各地域の防除に活かされている。主要な害虫は卵から成虫まで発育に必要な温度（発育零点、有効積算温度）が明らかになっている。成虫の発生盛期を起算日とし、日別の最高、最低気温とその平年値から次世代成虫の発生盛期と防除適期（それぞれの有効積算温度の到達日）を予測できる。

(3) 土着天敵回復の実態

一九九五〜一九九七年にかけて、フェロモン体系でのハダニ類とその天敵の発生動向を慣行防除体系とくらべた。試験当初、福島市のリンゴ園ではナミハダニの防除に苦慮していたが、フェロモン体系を実践して二年目の七月から、土着天敵であるケナガカブリダニ（図6）が発生し始め、ナミハダニを捕食する様子が観察されるようになった（図5）。殺ダニ剤の散布はこ

表1　複合交信かく乱剤を利用したリンゴ害虫防除体系の一例（福島県）

散布回数	散布時期	対象害虫名	基本になる防除	発生に応じた防除
1	3月中旬頃 (発芽7日前まで)	樹上越冬害虫 リンゴハダニ (カイガラムシ類)	①ハーベストオイル　　50倍	・安易な削減は禁物
2	4月上旬 (展葉初期)	ハマキムシ類 アブラムシ類 フユシャク類		・蚕毒規制地域では、展葉初期にダーズバン水和剤1,000倍を使用する
3	4月中旬頃 (開花前)	ハマキムシ類 (アブラムシ類) (フユシャク類)	②ロムダンフロアブル　2,000倍	・ロムダンフロアブルにかえて、BT剤を使用してもよい ・リンゴクビレアブラムシの発生が多い園では、硫酸ニコチン1,000倍を加用する
4	5月上旬頃 (落花直後)	(アブラムシ類) (アオムシ類, ケムシ類) (ハマキムシ類) (ハダニ類) (モモチョッキリゾウムシ)	③カスケード乳剤　　4,000倍 または トクチオン水和剤　　800倍	・アブラムシ類やモモチョッキリゾウムシの発生が多い園ではモスピラン水溶剤4,000倍を使用する ・アブラムシ類の発生が少ない園では、BT剤を使用してもよい
	5月中旬頃		コンフューザーA　200本/10a または コンフューザーR　100本/10a	・ハマキムシ類の越冬世代成虫が羽化する前に設置する
5	5月下旬頃 (落花14日後)	(クワコナカイガラムシ)	(殺虫剤省略)	・クワコナカイガラムシの発生が多い園ではアプロードフロアブル1,000倍を使用する
6	6月上旬頃 (落花30日後)	ハマキムシ類 (アブラムシ類) (ハダニ類)	(殺虫剤省略)	・今回以降、ハダニ類の発生に応じて、殺ダニ剤を加用する
7	6月中旬頃	アブラムシ類 キンモンホソガ (ハダニ類)	④モスピラン水溶剤　4,000倍 または アドマイヤー水和剤　2,000倍	
8	6月下旬頃	(モモシンクイガ) (ナシヒメシンクイ)	(殺虫剤省略)	
9	7月上旬頃	モモシンクイガ ナシヒメシンクイ (クワコナカイガラムシ) (ハダニ類)	⑤アルバリン顆粒水溶剤 2,000倍 または サイアノックス水和剤　1,000倍	・シンクイムシ類の発生が少ない園では、散布を省略してもよい
10	7月中旬頃	(モモシンクイガ)	(殺虫剤省略)	
11	7月下旬頃	ハマキムシ類 (キンモンホソガ) (ハダニ類)	⑥カスケード乳剤　　4,000倍 または マッチ乳剤　　　　2,000倍 または ダーズバン水和剤　1,000倍	・ハマキムシ類およびキンモンホソガの発生が少ない園では、散布を省略してもよい ・カメムシ類やアブラゼミの対策を強化する場合には、7月下旬〜8月上旬にスプラサイド水和剤またはネオニコチノイド剤を使用してもよい。ただし、早生種の収穫期には十分注意する
12	8月上旬頃	(モモシンクイガ) (ナシヒメシンクイ)	(殺虫剤省略)	
13	8月中旬頃	モモシンクイガ ナシヒメシンクイ ギンモンハモグリガ カイガラムシ類 (キンモンホソガ) (ハダニ類)	⑦バリアード顆粒水和剤4,000倍 または スプラサイド水和剤1,500	
14	9月上旬頃	(ハマキムシ類) (ナシヒメシンクイ)	(殺虫剤省略)	・中晩生種でハマキムシ類の発生が多い園ではBT剤を使用してもよい
15	9月中旬頃	(キンモンホソガ)	(殺虫剤省略)	

注)　散布回数は，慣行防除体系の回数を示す。対象害虫名の（　）は，防除が必要になる害虫を示す

　　基本になる防除は交信かく乱剤の使用時期と必要な補完防除の時期および散布回数と，殺虫剤散布を省略する時期を示す。なお○数字を付けた殺虫剤のうち（　）を付けたものは，害虫の発生が少ない場合さらに削減が可能である。ハダニ類に対しては，発生に応じて表2の殺ダニ剤を使用する

　　福島県では，蚕毒事故防止の観点から蚕に長期間影響のある薬剤（蚕毒日数が60日を超える）の使用規制地域を設けている。使用規制地域では，有機リン剤を選択する

表2 土着天敵を活かした防除法で使える農薬と使用上の注意点

系統および薬剤名		対象害虫名	使用上の注意点
天然殺虫剤	ハーベストオイル マシン油乳剤	リンゴハダニ （ナシマルカイガラムシ）	・3月中旬（発芽7日前まで）に使用する
	硫酸ニコチン液剤	リンゴクビレアブラムシ キンモンホソガ	・リンゴクビレアブラムシやキンモンホソガの発生が多い場合にのみ開花直前に使用する ・ミツバチやマメコバチに対する影響は小さいが、寄生蜂および捕食性天敵に対し一時的に影響がある
有機リン剤	サイアノックス水和剤 スプラサイド水和剤	シンクイムシ類、カイガラムシ類 （カメムシ類）	・有機リン剤は、訪花昆虫、寄生蜂および捕食性天敵に対して影響があるが、その期間は短い ・サイアノックス水和剤とスプラサイド水和剤は、ケナガカブリダニに対して影響が小さい ・トクチオン水和剤は、落花直後にのみ使用する
	ダーズバン水和剤	ハマキムシ類、シンクイムシ類	
	トクチオン水和剤	ハマキムシ類、ケムシ類 クワコナカイガラムシ	
ネオニコチノイド剤	アドマイヤー水和剤	アブラムシ類、キンモンホソガ	・いずれの薬剤もケナガカブリダニに対する影響は比較的小さい ・バリアード顆粒水和剤およびモスピラン水溶剤は、訪花昆虫（ハチ）や一部の寄生蜂（ヒメコバチ）に対して影響が小さい。それ以外の薬剤は訪花昆虫や寄生蜂に対して影響がある ・いずれの薬剤もカメムシ類に対する有効性が確認されている
	バリアード顆粒水和剤	シンクイムシ類、キンモンホソガ コナカイガラムシ類	
	モスピラン水溶剤	アブラムシ類、キンモンホソガ シンクイムシ類、モモチョッキリゾウムシ	
	アルバリン顆粒水溶剤	アブラムシ類、シンクイムシ類 キンモンホソガ、（カメムシ類）	
BT剤	ガードジェット水和剤 トアロー水和剤CT	ハマキムシ類、ヒメシロモンドクガ （ケムシ類、シャクトリムシ類）	・訪花昆虫および天敵に対して影響が極めて小さい ・ガードジェット水和剤とトアロー水和剤CTは死菌製剤で、蚕毒日数は短いが、バイオマックスDFとファイブスター顆粒水和剤は生菌製剤である
	バイオマックスDF ファイブスター顆粒水和剤	ハマキムシ類 （シャクトリムシ類）	
IGR剤	アプロードフロアブル	クワコナカイガラムシ	・訪花昆虫および天敵に対する影響が小さい ・ロムダンフロアブル以外の薬剤は脱皮阻害剤である。ロムダンフロアブルは脱皮促進剤で効果の発現が早いので、ハマキムシ類の越冬幼虫や、フユシャク類幼虫など齢期の進んだ幼虫に対して効果的である
	カスケード乳剤	キンモンホソガ、ギンモンハモグリガ ハマキムシ類、（シャクトリムシ類）	
	マッチ乳剤	キンモンホソガ、ハマキムシ類 （シャクトリムシ類）	
	ロムダンフロアブル	ハマキムシ類、ケムシ類 （シャクトリムシ類）	
殺ダニ剤	コロマイト乳剤	ハダニ類、リンゴサビダニ キンモンホソガ （アブラムシ類）	・ハダニ類とアブラムシ類とを同時に防除できる。ヒラタアブ類やテントウムシ類などアブラムシ類の捕食性天敵に対する影響は小さい。ただし、カブリダニ類に対して影響はある
	オサダンフロアブル	ハダニ類、リンゴサビダニ	
	カネマイトフロアブル タイタロンフロアブル マイトコーネフロアブル	ハダニ類	・カブリダニ類などのハダニ類の捕食性天敵に対する影響は小さい

注) 対象害虫に（ ）をつけたものは、同時防除のある害虫を示す
　　ネオニコチノイド剤、BT剤、IGR剤には蚕毒日数が長期間に及ぶ薬剤が含まれているので、養蚕地帯での使用には十分に注意する

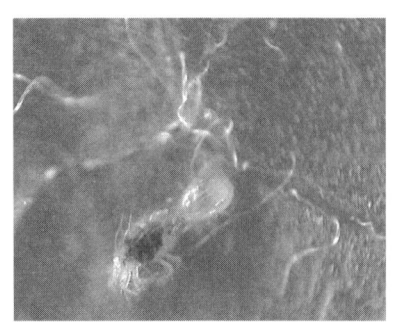

図6 ナミハダニを捕食するケナガカブリダニ

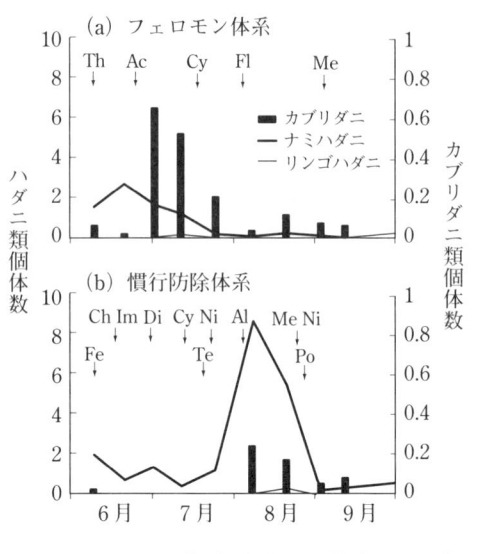

図5 フェロモン体系と慣行防除体系でのハダニ類とカブリダニ類の発生推移

(福島果試, 1996)

各体系から10本の調査樹を選び, 樹の主幹部に近い葉をサンプリングし, 調査した。個体数は, 1葉あたりの成若幼虫数を示した
フェロモン体系は実践2年目となるが, 殺ダニ剤を散布しなかった
矢印↓は, 殺虫剤と殺ダニ剤の散布時期を示す
　殺ダニ剤（Fe：オサダン水和剤, Te：ピラニカ水和剤, Po：マイトサイジンB乳剤）
　カーバメート剤（Al：オリオン水和剤, Th：ラービンフロアブル）
　IGR剤（Fl：カスケード乳剤）
　天然殺虫剤（Ni：硫酸ニコチン液剤）
　ネオニコチノイド剤（Ac：モスピラン水溶剤, Im：アドマイヤー水和剤）
　有機リン剤（Ch：ダーズバン水和剤, Cy：サイアノックス水和剤, Di：ダイアジノン水和剤, Me：スプラサイド水和剤）

れまで三〜四回程度必要であったが、フェロモン体系では散布を一〜二回省略することができた。
　フェロモン体系を実践することで、殺ダニ剤の散布を低減できれば、ハダニ類の抵抗性獲得を遅延させる効果も期待できる。

(4) コストもかからない

　コンフューザーAの価格は、一〇アールあたり約一万二〇〇〇円で、導入当初のコストはやや高くなってしまう。しかし、殺虫剤が半減でき、さらに殺ダニ剤も一回程度削減できれば、コストの低減がはかられる。コンフュ

ナシ

樹園地

(岡崎 一博)

ーザーRは、一〇アールあたり約八〇〇〇円とコンフューザーAよりも安価であり、さらなるコスト低減が期待できる。

(1) 複合交信かく乱剤と防除対象害虫

近年開発された複合交信かく乱剤（コンフューザーP）は、ナシの主要害虫ハマキムシ類とシンクイムシ類に対して効果がある。ハマキムシ類では果皮や葉を食害するチャノコカクモンハマキ、チャハマキなどが対象である。一方、シンクイムシ類では、無袋栽培で幼虫が果芯まで食入するモモシンクイガ、ナシヒメシンクイが対象である。

慣行防除のナシ園では、両種に対して年間七回程度の殺虫剤散布が行なわれており、開発された複合交信かく乱剤を用いれば、殺虫剤の使用回数を半減できることが明らかとなっている。

(2) 複合交信かく乱剤使用上の留意点

複合交信かく乱剤は、処理面積が広ければ広いほど効果が安定する。三ヘクタール以上のナシ園での処理が望ましいが、平地で園の周りが防風樹などで囲まれ、フェロモンが滞留するなど、立地条件がよく害虫密度が低レベルであれば五〇アール程度のナシ園でも効果がある。ただし、急斜面のナシ園では、性フェロモンが均一に滞留しないので効果は不安定となる。

また、ナシ園周辺の果樹類や防風樹にも注意が必要である。交配樹の果実が無防除のまま残っていたり、モモ園などが近くにあるときはシンクイム

図1 交信かく乱剤（コンフューザーP）のディスペンサー取り付け状況

類の発生源となる。サンゴジュなどが防風樹に使用されている場合は、ハマキムシ類の発生源になる。これらに対し、適切な防除や性フェロモン剤の処理が行なわれていないと、ナシ園だけの処理では効果が半減する。

(3) 殺虫剤削減による土着天敵の保護

交信かく乱剤によって殺虫剤を削減していくと、土着天敵の保護につながり、結果的に主要害虫の密度を低下させることができる。以下に、自然増加が認められる天敵類について述べる。

① アブラムシ類の天敵

ナシを加害する主なアブラムシ類は、ワタアブラムシ、ユキヤナギアブラムシ、モモアカアブラムシなどがあるが、殺虫剤を削減するとこれらの天敵として、テントウムシ類、アブラバチ、ショクガタマバエ、ヒラタアブ（図2）などが増加する。一時はアブラムシの密度が高まるが、しだいに密度が低レベルにコントロールされる。

農薬による防除では、アブラムシに対しては、アドマイヤーフロアブルなどは残効が長く安定した効果を示すが、一方で、これらの天敵類に悪影響を及ぼすことから、ごく発生初期に使用するなど使用時期の検討が必要である。また、天敵類に影響の少ないチェス水和剤や気門を封鎖する薬剤の利用も有効である。

② ハダニ類の天敵

ハダニ類では、主にカンザワハダニ、ナミハダニおよびクワオオハダニが発生する。殺虫剤削減によって、在来のカブリダニ類をはじめハダニアザミウ

図2 ワタアブラムシを捕食するヒラタアブの幼虫

図3 カンザワハダニを捕食しているハダニアザミウマ

154

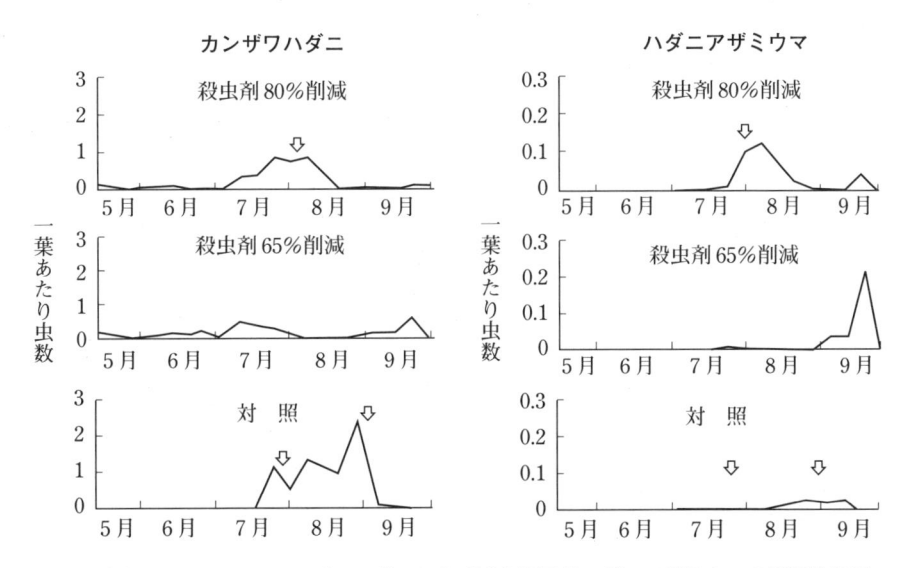

図4 各処理区におけるカンザワハダニおよび捕食性天敵ハダニアザミウマの季節的消長
⇩：殺ダニ剤

マ（図3）、ハネカクシ、ハダニバエなどが発生し、結果的にハダニ類の発生が抑制される（図4）。

ただし、クワオオハダニなどに対しては、天敵類の働きがカンザワハダニやナミハダニほど期待できないので、注意が必要である。ハダニが多発（ナシ葉一葉あたり成虫が一頭）したときは、土着天敵への影響の少ないバロックフロアブル二〇〇倍、コロマイト乳剤一五〇〇倍またはカネマイトフロアブル一五〇〇倍を散布する。

天敵類は、カメムシなどに対して使用する、合成ピレスロイド剤や有機リン剤などの影響を受けやすい。殺虫剤の選定にあたっては、ハダニ類の天敵類に対して悪影響の少ない剤とする。

③カイガラムシ類の天敵

殺虫剤を削減すると、クワコナカイガラムシ、ツノロウムシなどのカイガラムシ類が多発する場合が多い。しかし、在来のクワコナカイガラヤドリバチなどの寄生蜂やヒメアカホシテントウなどのテントウムシ類がその後発生し、密度抑制に重要な働きをする。

カイガラムシの防除については、残効の長いネオニコチノイド剤のモスピラン水溶剤や有機リン剤のスプラサイド水和剤などがあるが、天敵類に対して悪影響が少なくカイガラムシ類に対して殺虫効果が高いIGR剤のアプロ

◎慣行防除体系

殺虫剤　①　　②③　　　④⑤⑥⑦　⑧⑨⑩　　⑪　　　⑫

殺ダニ防除回数　　　　　①　　②　　　③

	上中下	上中下	上中下	上中下	上中下	上中下	上中下	上中下	上中下(旬)
	3	4	5	6	7	8	9	10	11 (月)

◎殺虫剤削減防除体系　P

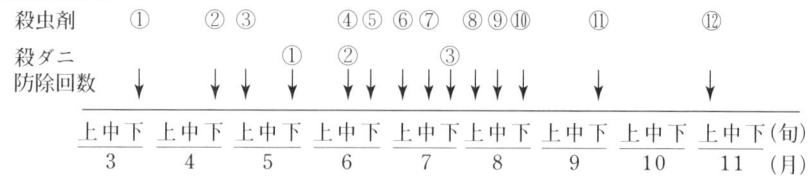

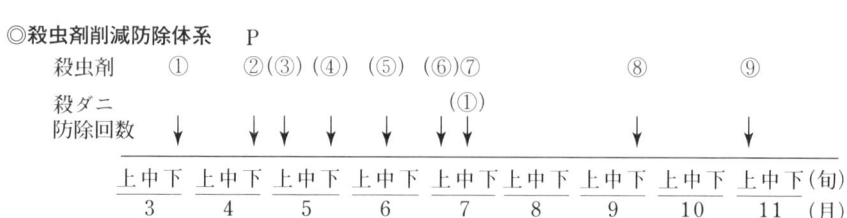

殺虫剤　①　②(③)(④)　(⑤)　(⑥)⑦　　　　⑧　　　⑨

殺ダニ防除回数　　　　　　　　(①)

	上中下	上中下	上中下	上中下	上中下	上中下	上中下	上中下	上中下(旬)
	3	4	5	6	7	8	9	10	11 (月)

図5　ナシ害虫の慣行防除体系と殺虫剤削減防除体系下における殺虫剤の散布時期と散布回数　　　　　　　　　　　　　　　　　　　　（鳥取園芸試験場）

○数字は、殺虫剤の散布時期と散布回数を示す
Pは、ナシ用交信かく乱剤の処理時期を示す
（　）を付けた○数字は、削減可能な殺虫剤を示す

ード水和剤一〇〇〇倍などを使用するとよい。

(4) 天敵類を活かした防除体系の組み立て

天敵を保護した殺虫剤削減体系の一例を図5に示した。殺虫剤削減体系では、慣行防除にくらべて、天敵に悪影響のある殺虫剤は極力削減し、在来天敵類を保護する。園内に増加した天敵類の働きを利用することによって、主要害虫のアブラムシ類やハダニ類に対する薬剤防除を省くことができる。交信かく乱剤の防除対象害虫となっているハマキムシ類、シンクイムシ類の殺虫剤削減とこれらの薬剤削減を兼ねると、最終的に殺虫剤の半減が可能となる。

(5) 防除の実際

① 防除体系

鳥取県ですでに行なっている殺虫剤削減体系の具体例を表1に示した。基本的にハダニ類とアブラムシ類の防除は不要である。

ただし、「二十世紀」、「おさゴールド」、「ゴールド二十世紀」などでは、ニセナシサビダニが特異的に多く発生するので、これらの品種では、サビダニについて必ず防除が必要である。エイカロール乳剤一五〇〇倍などを使用

表1 複合交信かく乱剤を利用したナシ害虫防除体系

慣行の防除回数	防除時期	基本になる防除	発生に応じた防除
1	りんぽう脱落直前 3月下旬～4月上旬	①サイアノックス水和剤 1,500倍	
2	落花期 4月下旬	②デナポン水和剤 1,000倍	
	4月下旬	P ナシ用複合交信かく乱剤（コンフューザーP） 150本/10a	
3	摘果期 5月上旬	（③）	クワコナカイガラムシの発生園では，アプロード水和剤1,000倍を散布する
	5月下旬	（④）	アブラムシ類の多発園では，チェス水和剤2,000倍を散布する
			ニセナシサビダニの多発品種では，エイカロール乳剤1,500倍を散布する
4	6月中旬	（⑤）	モモノゴマダラノメイガの発生園では，ノーモルト乳剤2,000倍を散布する
5	6月下旬	殺虫剤省略	
6	新梢停止期 7月上旬	（⑥）	クワコナカイガラムシの多発園では，モスピラン水溶剤4,000倍を散布する
7	7月中旬	⑦ノーモルト乳剤 2,000倍	ハダニが多発したときは，バロックフロアブル2,000倍，コロマイト乳剤1,500倍またはカネマイトフロアブル1,500倍を散布する
8	8月上旬	殺虫剤省略	
9	8月中旬	殺虫剤省略	
10	8月下旬	殺虫剤省略	
11	収穫後 9月下旬	⑧ダイアジノン水和剤 1,000倍	
12	11月上旬～中旬	⑨マシン油乳剤 50倍	

○数字は，殺虫剤の散布時期と散布回数を示す
Pは，ナシ用交信かく乱剤の処理時期を示す
（ ）を付けた○数字は，削減可能な殺虫剤を示す

する。また，ナシアブラムシは四月下旬ころから発生するが，その場合はナシの葉がロール状に巻くので，被害は大きい。このような場合はデナポン水和剤一〇〇〇倍などによる防除が必要である。

②マイナー害虫の発生と対策

殺虫剤削減を継続していくと，これまで発生がほとんどなかったチョウ目害虫，カメムシ目害虫などが顕在化する。たとえば，葉を食害するイラガ，ドクガ，クワゴマダラヒトリ，モンクロシャチホコ，チビガ，果実を

表2 ナシの主な害虫と天敵，使用する農薬の注意点

主な害虫	主な天敵	主な農薬	農薬使用上の注意点
アブラムシ類（ワタアブラムシ，ユキヤナギアブラムシ，モモアカアブラムシほか）	テントウムシ類ショクガタマバエヒラタアブ	チェス水和剤	遅効的なので，アブラムシの発生初期に散布する。高密度の場合，防除効果が不安定である
		アドマイヤーフロアブル*	アブラムシに対して卓効を示し，残効も長いが，各害虫の天敵類（寄生蜂，ヒメハナカメムシ類，テントウムシ類，クモ類など）に対して悪影響を及ぼす。やむをえず使用する場合はアブラムシの発生初期に限る
ハダニ類（カンザワハダニ，ナミハダニ，クワオオハダニ）	カブリダニ類ハダニアザミウマハネカクシハダニバエ	バロックフロアブル	ハダニアザミウマ，ハネカクシ，ミツバチ，マメコバチに対する影響は低い
		コロマイト乳剤	ククメリスカブリダニ，寄生蜂に影響がある。魚毒性がC類なので，薬液が河川などに流入しないようにする
		カネマイトフロアブル	カブリダニ類，ミツバチ，マメコバチに対する影響は低い
カイガラムシ類（クワコナカイガラムシ，ツノロウムシほか）	クワコナカイガラヤドリバエヒメアカホシテントウ	アプロード水和剤	寄生蜂，クモ類，有益昆虫のカイコ，ミツバチに対する影響は低い。ただし，ショクガタマバエ，クサカゲロウ類には影響がある
		（モスピラン水溶剤*）	ハナカメムシ類，寄生蜂に対して影響がある。ミツバチ，マルハナバチに対して散布翌日に導入可能である。ただし，カイコには長期間毒性がある
		（スプラサイド水和剤*）	各天敵類に対して影響がある。やむをえず使用する場合は，越冬世代（第1回目）のふ化時期である5月に使用する

注）*は天敵に影響の大きい薬剤

食害するミノガ，モモノゴマダラノメイガ，クワコナカイガラムシ，枝を加害するナシノカワモグリなどが多発することがある。

地域，園地の立地条件によって発生するマイナー害虫が異なるので，早めに問題となる害虫を把握し，追加防除対策をとる。その場合，園内の天敵類を保護するためにも，防除にはIGR剤のノーモルト乳剤などを使用する。

③ カメムシ対策

カメムシの多発年は，残効が長いアグロスリン水和剤やMR・ジョーカー水和剤などの合成ピレスロイド剤やアドマイヤー水和剤などのネオニコチノイド剤の散布が必要となる。天敵を活かすためにはとくに前者の使用は避けたい。後者も天敵類に対して悪影響があるが，その程度は剤によって若干の差があるので，なるべくこの中で天敵

類に対して影響が少ない殺虫剤を選択して使用する。

(6) 防除コスト

交信かく乱剤の効果があっても、最終的な防除コストが現行にくらべて高ければ実用化は難しい。殺虫剤を慣行にくらべて半減し、複合交信かく乱剤を組み合わせて防除した場合のコストは、慣行防除のそれとほぼ同一である。

ただし、マイナー害虫やカメムシ類などが発生した場合には、コストが慣行にくらべて高くなる。

なお、病害については、黒斑病耐病性品種の「ゴールド二十世紀」、「おさゴールド」などは黒斑病罹病性の「二十世紀」にくらべて殺菌剤が半減できるので、大幅な防除コスト削減になる。赤ナシでも雨よけ栽培をすればある程度殺菌剤の防除回数が削減できる。

露地での殺菌剤の散布回数削減は、現在のところむずかしい。

(7) 要防除水準で防除の判断

シーズン前には防除スケジュールを組み立てるが、使用する防除薬剤や防除時期はあくまでも目安である。実際には病害虫の発生状況などによって散布が不要な場合もあるし、防除時期も変動する。これを判断する基準として要防除水準が設けられている。

現在のところアブラムシについては要防除水準は定まっていないし、実害がないので、ナシアブラムシ以外は基本的に無防除でよいと思われる。ハダニ類も基本的に無防除でよいと思われるが、園内の天敵類の発生量にも左右されるので、成虫が葉一枚あたり一～二頭を要防除水準とする。

クワコナカイガラムシについては、

六月の調査でせん定切り口周辺に成幼虫が一樹あたり一頭以上認められたら防除が必要である。観察の結果、発生がなければ防除は不要である。

（伊澤　宏毅）

樹園地

モモ

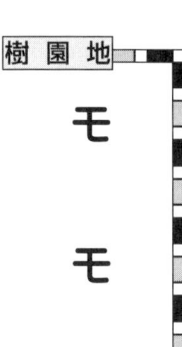

(1) モモの主要害虫と複合交信かく乱剤

現在モモ害虫の主要なものは、ハマキムシ類、モモシンクイガ、ナシヒメシンクイ、モモノゴマダラノメイガである。複合交信かく乱剤はこのうちのハマキムシ類、モモシンクイガ、ナシヒメシンクイを対象にしている。福島県ではこれまでの実証試験により、これらを対象とした殺虫剤を従来の半分程度の回数に削減することができるようになった。

また、食葉性害虫のモモハモグリガは発生回数が多く、個体数が増加しやすい。多発によって落葉をもたらすことがあるため、防除回数増加の一因となっていた。本種も複合交信かく乱剤によって防除可能となり、その利用により防除回数削減が可能となっている。

(2) 複合交信かく乱剤の利用と殺虫剤削減

① 複合交信かく乱剤利用の条件

複合交信かく乱剤の利用には、ある程度まとまった園地であることが基本条件となる。少なくとも四ヘクタールはまとまらないと十分な防除効果が得られない。

周囲に害虫の発生源がないことも必要条件である。交信かく乱対象害虫のハマキムシ類、シンクイムシ類は、リンゴ、ナシ、オウトウなどのバラ科の作物に食入するので、これらの放任園が近くにあると効果がまったくみられないので注意したい。

また、複合交信かく乱剤を防除に取り入れる場合は、処理一年目には殺虫剤を通常どおりにして対象害虫の密度を下げ、次年度から徐々に殺虫剤を削減していくのが、失敗のない手順といえる。なお、殺虫剤の削減は慣行のおおむね半分の回数を目標とする。

② 殺虫剤は半減できる

従来の慣行防除に対し、複合交信かく乱剤を利用した殺虫剤削減防除の、殺虫剤および殺ダニ剤の散布時期と回数を図1に示した。合成ピレスロイド剤など天敵に影響の強い殺虫剤を削減

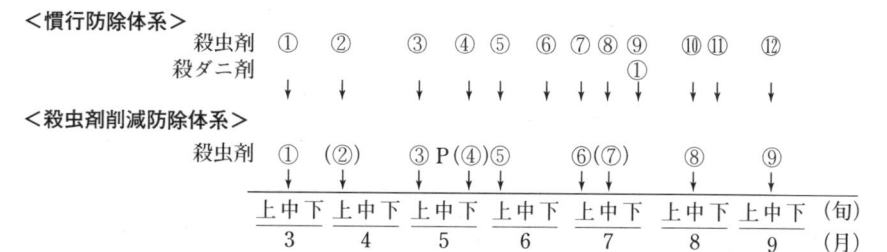

＜慣行防除体系＞
殺虫剤　① ② ③ ④ ⑤ ⑥ ⑦⑧ ⑨ ⑩⑪ ⑫
殺ダニ剤　　　　　　　　　①
↓ ↓ ↓ ↓↓ ↓ ↓↓ ↓ ↓↓ ↓

＜殺虫剤削減防除体系＞
殺虫剤　① (②)　③P(④)⑤　⑥(⑦)　⑧　⑨
↓ ↓　　↓ ↓ ↓　↓ ↓　↓　↓

上中下	上中下	上中下	上中下	上中下	上中下	上中下	(旬)
3	4	5	6	7	8	9	(月)

図1　モモ害虫の慣行防除体系と殺虫剤削減防除体系下での殺虫剤の散布時期と散布回数
(福島県果樹試験場)

○数字と↓は，殺虫剤の散布時期と散布回数を示す
Pは，モモ用複合交信かく乱剤の処理時期を示す
( ) を付けた○数字は，削減可能な殺虫剤を示す

(3) 殺虫剤削減によって保護される天敵

殺虫剤の削減の目的には、交信かく乱対象外の害虫を、天敵の活動により抑制することも兼ねている。モモについては対象外害虫のアブラムシ類、カイガラムシ類、ハダニ類が天敵により制御されることを確認している。

① アブラムシ類の天敵

アブラムシの種類は多いが、防除を要するのはモモアカアブラムシ、モモコフキアブラムシ、カワリコバアブラムシの三種である。この天敵にはテントウムシ類（図2）、クサカゲロウ類（図3）、タ

これまでアブラムシ類の防除は、発生初期にアドマイヤー水和剤やモスピラン水溶剤が使用されてきた。速効性で残効も長いため、有効なアブラムシ防除剤であった。しかし、テントウムシ類や多くの寄生蜂に影響があるため、天敵保護の観点では問題が残されており、今後、本剤の使用時期を見直

し、おおむね半分の回数で目標の防除効果が期待できる。
マバエ類、アブ類などの捕食天敵とアブラバチなどの寄生天敵がある。

図2　アブラムシを捕食するテントウムシの幼虫

161　モモ

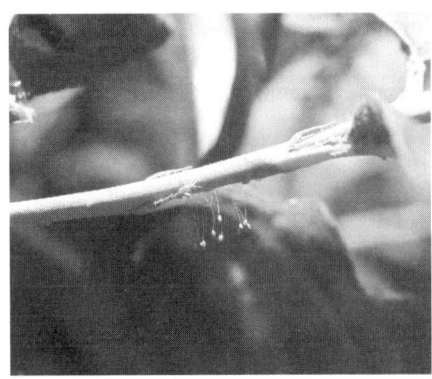

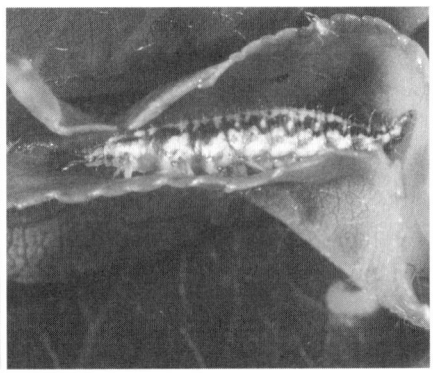

図3 アブラムシの天敵クサカゲロウ（左：卵，右：幼虫）

② カイガラムシ類の天敵

殺虫剤を削減すると、ウメシロカイガラムシが多発して果実被害をもたらすことがあり、本種の防除がもっとも重要である。ほかにサンホーゼカイガラムシもまれに発生する。これらの害虫には、ヒメアカホシテントウをはじめとするテントウムシ類や寄生蜂などの有力な土着天敵がある。

しかし、これらはアドマイヤー水和す必要があろう。

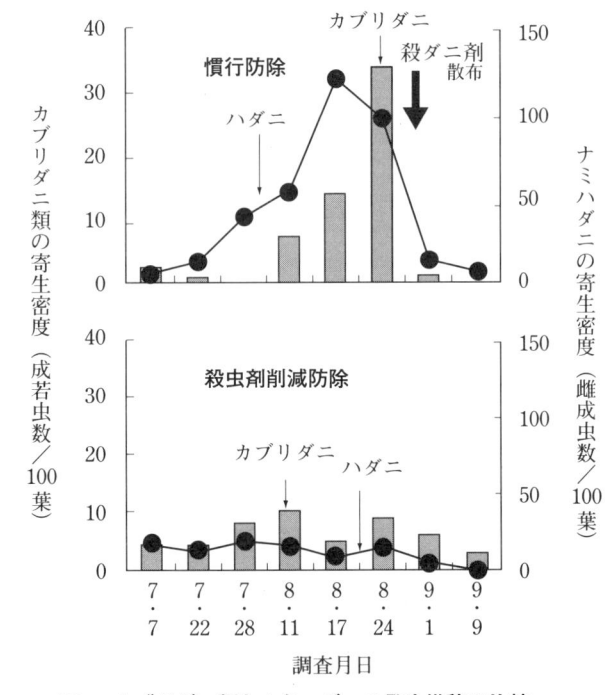

図4 カブリダニ類とナミハダニの発生推移の比較
（福島県果樹試験場，1997年）

剤やモスピラン水溶剤に弱いため、アブラムシ同様の課題を抱えている。天敵の保護には、アドマイヤー水和剤やモスピラン水溶剤の使用方法を工夫しなければならない。

③ ハダニ類の天敵

主な発生種はナミハダニ、リンゴハダニ、カンザワハダニである。殺虫剤の削減によってカブリダニ類、ハダニアザミウマ、ハネカクシ類、ハナカメムシ類などの捕食性天敵が目立ってくるため、数年後には殺ダニ剤を散布しなくてもすむレベルまで低下する。

殺虫剤削減圃場と慣行防除圃場でのカブリダニ類とナミハダニの寄生量の推移を図4に示した。殺虫剤削減圃場ではカブリダニ類が早期から安定して観察され、ナミハダニも急増することはないことが読みとれる。

(4) 天敵を利用した防除の実際

① 防除体系

一例として、福島県でのモモ栽培の防除暦を示す（表1）。混乱を生じないように殺虫剤のみを掲げている。殺ダニ剤は原則として無散布とし、やむをえない場合のみ散布する臨機応変の対応としている。

複合交信かく乱剤を利用しながら殺虫剤の削減を続けると、土着天敵が増加してくるので、ハダニ類の防除が不要になる。カイガラムシ類も毎年防除する必要がなくなる。

② 殺虫剤の削減で問題になる害虫

ただし、安易に殺虫剤を削減しすぎると、これまでに問題とならなかった害虫が新たに問題となることがある。

一例をあげる。モモノゴマダラノメイガは一〇日間隔で殺虫剤を散布すれば問題にならないが、これらをすべて削減すると被害果が急増する。しかし殺卵効果のあるノーモルト乳剤二〇〇〇倍を六月上旬の産卵盛期に一回散布することで、ある程度防除できる。

そのほかにも、殺虫剤削減後に問題となる害虫には、カイガラムシ類、コガネムシ類、コスカシバなどがある。

③ 害虫の発生と追加農薬防除判断方法

交信かく乱対象害虫については製剤が安定した効果を発揮するので、対象害虫が急に多発することは考えにくい。もし被害が見られるようになったら、指導機関に相談し、原因を突き止める。

対象外害虫の追加防除のポイントは、アブラムシ類については新梢葉の

表1 複合交信かく乱剤を利用したモモ害虫防除体系(福島県)

慣行の防除回数	防除時期	基本になる防除	発生に応じた防除
1	発芽前 3月中旬頃	①マシン油乳剤	
2	開花直前 4月上旬頃	(②)	ハマキムシ類の発生が多い園では,クロルピリホス水和剤1,000倍またはフルフェノクスロン乳剤4,000倍を散布する
3	落花10日後 5月上旬	③イミダクロプリド水和剤 2,000倍 または アセタミプリド水溶剤 4,000倍 または アラニカルブ水和剤 1,000倍	
	5月中旬	P モモ用複合交信かく乱剤 150本/10a	
4	5月下旬	(④)	ウメシロカイガラムシの多発園地では,ブプロフェジン水和剤1,000倍を散布する
5	6月上旬	⑤フルフェノクスロン乳剤 4,000倍 または CYAP水和剤 1,000倍	モモノゴマダラノメイガ発生地域では,テフルベンズロン2,000倍を使用する
6	6月下旬	(殺虫剤省略)	
7	7月上旬	⑥アセタミプリド水溶剤 4,000倍 または CYAP水和剤 1,000倍 または チオジカルブ水和剤 1,000倍	
8	7月中旬	(⑦) フルフェノクスロン乳剤 4,000倍 または クロルピリホス水和剤 1,000倍 または テフルベンズロン乳剤	ハマキムシ類およびシンクイムシ類の発生が少ない場合は,今回の散布を省略してよい ハダニ類の発生が多い場合には,今回以降殺ダニ剤を散布する
9	7月下旬	(殺虫剤省略)	
10	8月上旬	(殺虫剤省略)	
11	8月中旬 晩生種のみ	⑧ダイアジノン水和剤 1,000倍 または チオジカルブ水和剤 1,000倍	晩生種にのみ散布する
12	収穫後 9月上~下旬頃	⑨殺虫剤	

注)○数字は,殺虫剤の散布回数を示す。( )付きの○数字は,さらに削減可能な殺虫剤を示す
　　Pは,モモ用交信かく乱剤の処理時期を示す

表2 モモの主な害虫と天敵，天敵に影響の少ない農薬

主な害虫	主な天敵	天敵に影響が少ない農薬	農薬使用上の注意
アブラムシ類（モモアカアブラムシ，モモコフキアブラムシ，カワリコブアブラムシ）	テントウムシ類，クサカゲロウ類，ショクガタマバエ類，ヒラタアブ類，アブラバチ類	チェス水和剤	モモコフキアブラムシへの効果は弱い
ハダニ類（ナミハダニ，カンザワハダニ，リンゴハダニ）	カブリダニ類，ハダニアザミウマ，ハネカクシ類，ハナカメムシ類	オサダンフロアブル，マイトコーネフロアブル	
カイガラムシ類（ウメシロカイガラムシ，サンホーゼカイガラムシ）	寄生蜂，キスイムシ類，テントウムシ類	アプロード水和剤，マシン油乳剤	マシン油乳剤は発芽前の散布に限る
モモノゴマダラノメイガ	寄生蜂	ノーモルト乳剤，スピノエースフロアブル	
ハマキムシ類（リンゴモンハマキ，リンゴコカクモンハマキ）	寄生蜂	カスケード乳剤，ガードジェット水和剤，コンフューザーP	コンフューザーPは広域処理が必要である
ナシヒメシンクイ	寄生蜂	コンフューザーP	同上
モモシンクイガ	寄生蜂	コンフューザーP	同上
モモハモグリガ	寄生蜂	カスケード乳剤，スピノエースフロアブル，コンフューザーP	同上
コスカシバ	寄生蜂	スカシバコン	複合交信かく乱剤なので，広域処理が必要である

被害がおよそ五％以上となったら防除する。

ウメシロカイガラムシは第一世代幼虫ふ化期（五月中旬頃）に，枝に幼虫の寄生が多くみられるようならアプロード水和剤一〇〇〇倍で防除する。

ハダニ類はできる限りがまんするが，おおよそ一〇葉あたり雌成虫が五〇頭を超えるようなら殺ダニ剤を散布する。

④殺菌剤の削減

殺菌剤については，黒星病，せん孔細菌病，ホモプシス腐敗病，灰星病の発生がとくに問題となり，いずれも果実の被害をもたらすことから，散布回数の削減はなかなか難しい状態である。

しかし，近年残効の長い薬剤を選択することにより，散布間隔を一〇日から一五日に伸ばすことができている。

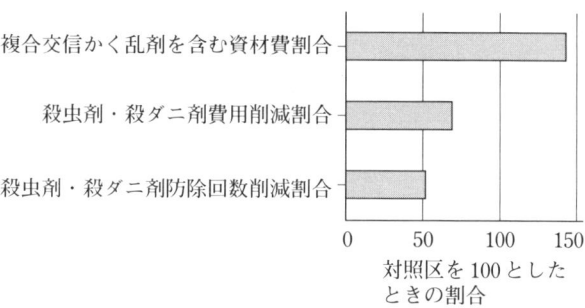

つまり、五月中旬から七月中旬までの防除間隔を一五日にし、この期間に二回の削減が可能になっている。

図5　害虫防除に要した経費の比較
（福島県果樹試験場，1999年）
桑折町現地6農家での調査結果

(5) 土着天敵を増やす工夫

アブラムシ、ハダニ類の天敵の多くは下草に分布している。下草管理は重要であり、除草剤の使用は極力避けたい。また、頻繁に刈り取ることも望ましくない。

また、極端な環境の変化も天敵に影響を与える。収穫直前に伸び放題の下草に除草剤を散布したために、ハダニ類やアザミウマ類が樹上に引っ越して被害がでたということもよく見られる失敗例である。

(6) 天敵利用と農薬防除の労力と経費の比較

慣行防除と殺虫剤削減防除の体系で、害虫防除経費を比較すると図5のようになる。殺虫剤、殺ダニ剤の防除回数は半分、その費用は七割以下におさえられているが、複合交信かく乱剤を含めた資材費の比較では、逆に四割ほどコストが高い結果となっている。

今後、交信かく乱剤と薬剤の経費の削減がすすめば、天敵を購入することも検討できる。

（荒川　昭弘）

表1 チャの害虫の分類と主要天敵

	毎年発生し，被害が大きい害虫		ときどきあるいは何年かおきに発生し被害を起こす害虫		局所的に発生する害虫
	害虫	天敵	害虫	天敵	
天敵で防除できる害虫	チャノコカクモンハマキ チャハマキ	コマユバチ類 ヒメバチ類 顆粒病ウイルス	クワシロカイガラムシ	チビトビコバチ ベルレーゼコバチ ナナセットビコバチ タマバエ テントウムシ類	
天敵と補完的な農薬で防除できる害虫	カンザワハダニ	ケナガカブリダニ ハダニアザミウマ			
天敵では十分に防除できない害虫	チャノキイロアザミウマ チャノミドリヒメヨコバイ	クモ類	チャノホソガ ヨモギエダシャク チャノホコリダニ チャノナガサビダニ コミカンアブラムシ	ヒメコバチ類 鳥類 アブラバチ，テントウムシ類	ウスミドリカスミガメ ナガチャコガネ コウモリガ キクイムシ類

(1) 対象害虫・主要天敵と防除のポイント

チャは新芽を収穫するので、当然、新芽を加害する害虫は重要な防除対象になる。なかでも、チャノキイロアザミウマとチャノミドリヒメヨコバイは、慣行防除園でもっとも防除回数の多い害虫で、被害を受けると収量や品質に大きく影響する。

しかし、この二種を天敵だけで防除するのはたいへん困難である。天敵の働きを待っていたら、二番茶以降の収穫量は大きく減ってしまう。無防除で栽培して一番茶だけで収益を得るとい

茶園で農薬をかけた後、あるいは雨が降った後、葉をかき分けて中を見ると、株の中の枝はほとんど濡れてないはずである。農薬のかからない場所があるということは、天敵にとっても隠れ場所があるということ。言い換えれば、多少農薬をかけても他の作物より天敵におよぼす影響が少ないので、チャは天敵を利用しやすい農作物といえる。チャ害虫の主要な天敵はほとんど土着天敵なので、これを利用しない手はない。

う作戦もとれないことはないが、それができる条件は山間地の害虫が少ないところなどに限定される。

そこで、ここではチャノキイロアザミウマとチャノミドリヒメヨコバイを、農薬を使用しつつ天敵を活用する防除方法について紹介する。

	6月			7月			8月			9月			10月			11月			12月		
	上	中	下	上	中	下	上	中	下	上	中	下	上	中	下	上	中	下	上	中	下
	二番茶生育期			三番茶生育期			秋期生育期														
	時				期																

発生時期

① 対象害虫と天敵利用のポイント

チャの害虫を、被害の程度や有力な天敵の有無によって分類したのが表1である。

〈チャノキイロアザミウマとチャノミドリヒメヨコバイ〉 これらの害虫の防除農薬は天敵に影響のある剤が多いため、防除のとき散布の仕方や時期に注意が必要となる。とくに、クワシロカイガラムシが発生している園では、天敵が成虫になって飛び回っているときに殺虫剤を散布すると大きな影響がある。

〈カンザワハダニ〉 有力な天敵であるケナガカブリダニがいる。静岡県では、茶園にいるケナガカブリダニに合成ピレスロイドや有機リン剤の抵抗性があるため、慣行防除園でさえかなり使える天敵となっている。抵抗性を獲得したケナガカブリダニが地域にいるかどうかは、農業改良普及員や農協指導員に確認していただきたい。最近では、抵抗性を獲得したカブリダニを放飼する事例も増えている。

〈ハマキムシ類〉 在来天敵だけでは防除は困難であるが、フェロモン剤による交信かく乱で防除できる。また、人工的に増殖した顆粒病ウイルス（GV）（現在、農薬として登録作業がすすめられている）を散布することでも

月	1月			2月			3月			4月			5月		
旬	上	中	下	上	中	下	上	中	下	上	中	下	上	中	下
生育ステージ										一番茶生育期					
害虫・天敵名 / ステージ							発					生			
カンザワハダニ / 活動時期															
○ケナガカブリダニ / 活動時期															
チャノコカクモンハマキ / 成虫															
チャハマキ / 成虫															
チャノホソガ / 成虫															
チャノキイロアザミウマ / 活動時期															
チャノミドリヒメヨコバイ / 活動時期															
○クモ類 / 活動時期															
クワシロカイガラムシ / 幼虫ふ化期															
○チビトビコバチ / 成虫															
○ベルレーゼコバチ / 成虫															

図1　チャの害虫と天敵の

チャの生育ステージと害虫・天敵の発生時期は東海地方平野部を想定している
○は天敵

表2　チャの主な天敵の見分け方

害虫	天敵	天敵の見分け方
クワシロカイガラムシ	チビトビコバチ ベルレーゼコバチ ナナセットビコバチ（南九州）	寄生蜂はとても小さく，種類の区別は困難であるが，カイガラムシ雌成虫の介殻をはがして，虫体が褐色になってふくらんでいるかどうかでハチの寄生状況を知ることができる
	タマバエの一種	カイガラムシの雌成虫の介殻を枝からはがし，その下に0.5mm程度の長さの細長いハエのウジに似た虫がいたらそれが幼虫である
	テントウムシ類	ハレヤヒメテントウ，ヒメアカボシテントウ，キムネタマキスイなど成虫の体長が1～2mmの小形の甲虫類
ハマキムシ類	顆粒病ウイルス	幼虫は顆粒病ウイルスに感染してり病すると，体が白くなって死んでいるので容易にわかる
	寄生蜂	ハマキムシがつづった葉を開いて，中にハマキムシの幼虫やマユがなく，かわりに白や茶色の俵状のものがあったら，それはハマキムシに寄生するハチのマユである
カンザワハダニ	ケナガカブリダニ	体長が0.4mm程度の小さなダニ。体は白色で淡い赤色の斑点が背面にある。カンザワハダニより活発に動きまわるのが特徴。ルーペを使えばなんとか見ることができる

防除が可能である。これらの防除方法は天敵に影響がないため、天敵による密度抑制の効果も期待できる。なお、交信かく乱剤を設置する場合、少面積では効果が不安定になるおそれがあるので、五〇アール以上のまとまった茶園で設置したい。

② 主要天敵と見分け方

図1は主な害虫と天敵の活動時期である。主な天敵の見分け方は表2参照。

③ この防除法選択の条件

きれいな茶葉をつくるために、チャノキイロアザミウマやチャノミドリヒメヨコバイを頻繁に防除したのでは、茶園では天敵が保護されやすいといっても天敵密度は高くならない。少しの被害も許せない場合は、この防除法は取り入れないほうがいい。

また、天敵に影響のある農薬を散布

する場合もあるので、天敵の発生状況を確認できることも条件である。

(2) 使える農薬と使用上の注意

チャの主要害虫と天敵、使用できる農薬を表3に示す。

チャノキイロアザミウマとチャノミドリヒメヨコバイにはIGR剤のカスケード乳剤などがあり、寄生蜂などの天敵に影響が小さい殺虫剤である。しかし、薬剤への抵抗性がつくのを防ぐために同じ農薬を何度も使えないことや、カスケードは防除効果の低い地域があることから、現状では天敵に影響のある農薬の使用は避けられない。

また、チャの害虫にはヨモギエダシャクやチャノホソガなどガの仲間が多いが、それらの防除にIGR剤やBT剤を使用すれば、天敵への影響を少な

くすることができる。

(3) 天敵を利用した防除体系

天敵を利用した場合の主要な害虫の防除体系をまとめたのが表4である。

① 生育ステージと防除体系

〈カンザワハダニ〉 一番茶がカンザワハダニの被害を受けると収益に大きく影響するため、前年の秋にハダニが多かった園では、ハダニの休眠が明ける三月中旬〜四月上旬に防除する。この時期に殺ダニ剤として用いるバロックフロアブルは、天敵への影響が少ない農薬である。

〈ハマキムシ類〉 三月の下旬からはハマキムシ類防除のために、フェロモン剤（ハマキコンN）を設置する。フェロモンを封入したチューブは、直射日光に当たると成分が変質するので、葉の陰に隠れるように（葉層の内

図3 クワシロカイガラムシ雌成虫の介殻の下にいるタマバエの幼虫

図2 チビトビコバチに寄生されたクワシロカイガラムシ雌成虫

図4 ケナガカブリダニ成虫

側）一〇アールあたり二五〇本を枝にかける。

〈チャノキイロアザミウマ、チャノミドリヒメヨコバイ、チャノホソガ〉
これらの三種は同時に防除できる農薬があるが、前二種の防除が主体となる。そのため、チャノホソガが多い場合は、同時に防除できるアドマイヤー水和剤やカスケード乳剤を用いる。なお、同時防除の目安は一平方メートルあたりの巻葉数三〇～四〇枚とする。これ以上になると、幼虫が茶葉の中に残した糞により製茶の品質が低下する。

〈クワシロカイガラムシ〉　基本的には天敵のみによる防除をめざすが、この害虫が発生している茶園で天敵利用防除体系へ切り替えたとき、最初の一～二年は天敵が増えずにクワシロカイガラムシが増えることがある。そのときはやむをえず、IGR剤と殺ダニ剤の混合剤であるアプロードエースを使用する。また、チャノキイロアザミウマやチャノミドリヒメヨコバイの防除は、できるだけクワシロカイガラムシの天敵の成虫発生期を避けるようにする。

ちなみにチビトビコバチはクワシロカイガラムシの幼虫ふ化期、ベルレーゼコバチはその後に成虫になる。南九州で主要な天敵となっているナナセツトビコバチの成虫発生期は、カイガラ

171　チャ

表3 チャの主な害虫と天敵，天敵利用防除体系で使用できる農薬

主な害虫	主な天敵	使用する農薬	農薬使用上の注意など
チャノキイロアザミウマ　チャノミドリヒメヨコバイ		カスケード乳剤	IGR剤で天敵に影響は少ないが，効果が低くなっている地域があるので，効果をよく確認してから使用する
		ネオニコチノイド剤（アドマイヤー水和剤　ベストガード水溶剤　ダントツ水溶剤など）ガンバ水和剤	天敵への影響が懸念されるため，新芽主体の少量散布とする。また，クワシロカイガラムシの発生園では，天敵のハチが成虫になる時期はなるべく散布をひかえる。アドマイヤー，ダントツはチャノホソガ，ガンバはチャノナガサビダニ，チャノホコリダニにも登録がある
カンザワハダニ	ケナガカブリダニ	バロックフロアブル　マイトコーネフロアブル　粘着くん液剤	バロックは基幹防除にマイトコーネ，粘着くん液は臨機防除に用いる。また，いくつかの産地のケナガカブリダニは合成ピレスロイド剤や有機リン剤に抵抗性を獲得しているが，これらの薬剤は他の害虫の天敵に影響があるので，極力使用をひかえる
ハマキムシ類	交信かく乱剤利用　顆粒病ウイルス	フェロモン剤や顆粒病ウイルスを利用している体系では殺虫剤による防除は基本的に行なわない。下記の殺虫剤は突発的な防除のときに用いる	
		IGR剤（ロムダンフロアブル　マッチ乳剤など）	ハマキ成虫の誘殺最盛日ころが防除適期。IGR剤の中でもキチン質合成阻害剤（アタブロン，カスケードなど）は抵抗性が発達して効果の低い産地があるので注意する。また，チャノホソガやヨモギエダシャクにも登録のあるIGR剤が多い
		BT剤（デルフィン顆粒水和剤　ゼンターリ顆粒水和剤など）	ハマキ成虫の誘殺最盛日の7～10日後ころが防除適期。チャノホソガやヨモギエダシャクにも登録のある剤が多い
クワシロカイガラムシ	寄生蜂類　タマバエの一種　テントウムシ類	アプロードフロアブル	天敵に対し影響はないが，クワシロカイガラムシに効果の低下している産地があるので注意する
		アプロードエース	成分の一つであるフェンプロキシメート（ダニトロン）は天敵への影響が懸念される
コミカンアブラムシ	アブラバチ類　クサカゲロウ	DDVP乳剤　アクテリック乳剤	両剤とも天敵昆虫に直接かかると大きな影響があるので，アブラムシの発生部位を中心に散布する
チャノホコリダニ		ガンバ水和剤	ホコリダニが多いときは，三番茶生育期にチャノキイロアザミウマ，チャノミドリヒメヨコバイとの同時防除剤として使用する
		コテツフロアブル	寄生蜂などに影響があるので，使用時期に注意する

表4 天敵を活用したチャの防除体系(静岡)

慣行の防除回数	防除時期	基本になる防除	発生に応じた防除
1	萌芽前	①バロックフロアブル 2,000倍	
	3月下旬～4月上旬	P ハマキコンN 250本/10a	
2	一番茶整枝後	(殺虫剤省略)	
3	二番茶摘萌芽期～生育期	②アドマイヤー水和剤 1,000倍 または カスケード乳剤 4,000倍 または ガンバ水和剤 1,000～1,500倍	
4	二番茶整枝後	(殺虫剤省略)	
5	三番茶摘萌芽期～生育期	③アドマイヤー水和剤 1,000倍 または カスケード乳剤 4,000倍 または ガンバ水和剤 1,000～1,500倍	
6	7月下旬～9月上旬	(④)	ヨモギエダシャクあるいはチャノホソガが多発したら適用のあるBT剤を散布する
7	8月中～下旬	(殺虫剤省略)	
8	8～9月	(⑤)	チャノホコリダニが多発したらガンバ水和剤1,000倍またはコテツフロアブル2,000倍を散布する
9	秋芽生育期	⑥アドマイヤー水和剤 1,000倍 または カスケード乳剤 4,000倍 または ガンバ水和剤 1,000～1,500倍	
10	10月上～中旬	(殺虫剤省略)	

注)〇数字は殺虫剤の散布時期と散布回数を示す
　　Pはフェロモン剤の処理時期を示す
　　( )を付けた〇数字は,削減可能な殺虫剤を示す
　　慣行防除園ではクワシロカイガラムシが多発した場合,3回の防除が追加される

② 害虫の発生と追加防除の判断・方法

大事な一番茶に、ときどきコミカンアブラムシが発生することがある。登録農薬は天敵に影響の大きい合成ピレスロイド剤と有機リン剤しかない。そこで、有機リン剤でも残効性が短いDDVP乳剤やアクテリック乳剤を、発生しているところだけに散布して防除する。

局部的にヨモギエダシャクやチャノホソガが多発することがある。その際にはBT剤(セレクトジン水和剤、バシレックス水和剤)

ムシの雄成虫が羽化する時期と重なる。

表5 チャの害虫防除経費

慣行防除			
	対象害虫	散布回数	金額(円)
基幹防除	カンザワハダニ	3	9,336
	チャノキイロアザミウマ チャノミドリヒメヨコバイ	3(1)	4,858
	ハマキムシ類(農薬防除)	4	11,336
	チャノホソガ	1(2)	714
	小計		26,244
臨機防除	クワシロカイガラムシ	3	14,400
	チャノナガサビダニ	1	2,688
	チャノホコリダニ	1	1,344
	ヨモギエダシャク	1	2,764
	計		47,440
天敵利用防除			
	対象害虫	散布回数	金額(円)
基幹防除	カンザワハダニ	1	3,564
	ハマキムシ類(フェロモン)	1	8,980
	チャノキイロアザミウマ チャノミドリヒメヨコバイ	3	3,665
	小計		16,209
臨機防除	チャノホソガ	1	357
	チャノホコリダニ	1	2,124
	ヨモギエダシャク	1	1,382
	計		20,072

注 1) 散布回数欄の括弧内は他の害虫防除時に同時防除される回数
　　2) 天敵利用防除での薬剤散布量はカンザワハダニを除き慣行防除より少ない

を散布する。

夏に新芽を黒く変色させるチャノホコリダニが多発することがある。その際はガンバ水和剤やコテツフロアブルで防除する。ただし、これらの薬剤は天敵への影響が懸念されるので、天敵類の発生に注意する。

(4) 土着天敵を増やす工夫

チャノキイロアザミウマやチャノミドリヒメヨコバイなど新芽を加害する害虫を防除するとき、新芽だけにかかるくらいの少ない薬量で、茶樹の中まで入らないような農薬のかけ方をする。また、局部的に発生している害虫は、発生している場所だけ防除することにより、天敵が農薬から保護される。

(5) 天敵を活かす病害防除の注意

チャの病害防除にはDMI剤(スコア水和剤、マネージ水和剤など)、有機塩素剤(ダコニール1000)、ストロビルリン剤(アシスター20フロアブル、ストロビーフロアブルなど)などが主に使われるが、ほとんどの殺菌剤は天敵に大きな影響を与えない。しかし、せっかく天敵を利用して害虫を防除するのだから、病害防除も少なくしたい。

たとえば、主要病害である炭そ病の発生は一平方メートルあたり五〇枚程度の発

病ではまったく被害はない。一年だけなら一平方メートルあたり二〇〇枚の発生があっても大丈夫である。また、耕種的防除法として、二番茶摘採後の整枝をやや深めに行なうことで、三番茶以降での発生が減少する。

(6) 天敵利用と農薬防除の労力・経費の比較

天敵を利用した防除体系と慣行防除の経費を比較したのが表5である。二〇〇二年に静岡県で使用された、平均的な農薬の価格をもとに計算した。天敵利用体系では天敵を保護するため、チャノキイロアザミウマなどの新葉を加害する害虫防除の薬量を、慣行の二〇〇リットルから一〇〇リットルへと少なくしてある。そのため、防除回数の減少以上に経費が安くなっている。慣行防除で、クワシロカイガラムシを農薬で防除するとなると、一〇アールあたり一〇〇〇リットルの農薬を散布して経費が増すだけでなく、十分な防除効果を得るために突っ込み噴口を用いて防除することから、相当の労力が必要になる。天敵利用防除体系のほうが経費面でも労力面でも差がますます顕著になる。

(多々良 明夫)

材の適用表 (2003年3月7日)*

ミニトマト	ナス	ピーマン	キュウリ	メロン	スイカ	カボチャ	イチゴ	シソ	インゲン	カンショ	タラノキ	ブドウ	オウトウ	イチジク	カンキツ	取り扱い会社
●	●	●	●	●	●	●	●	●	●	●						アリスタライフサイエンス (株)
●	●	●	●	●	●	●	●	●	●	●						シンジェンタ ジャパン (株)
																(株) キャッツ・アグリシステムズ
○																シンジェンタ ジャパン (株)
●	●	●	●	●	●	●	●	●	●	●						アリスタライフサイエンス (株)
●	●	●	●	●	●	●	●	●	●	●						シンジェンタ ジャパン (株)
																(株) キャッツ・アグリシステムズ
○																シンジェンタ ジャパン (株)
●	●	●	●	●	●	●	●	●	●	●						アリスタライフサイエンス (株)
●	●	●	●	●	●	●	●	●	●	●						シンジェンタ ジャパン (株)
																(株) キャッツ・アグリシステムズ
												★	★	★	—	アリスタライフサイエンス (株)
													○			シンジェンタ ジャパン (株)
●	●	●	●	●	●	●	●	●	●	●						(株) キャッツ・アグリシステムズ
●	●	●	●	●	●	●	●	●	●	●						アリスタライフサイエンス (株)
																日本化薬 (株)
																(株) キャッツ・アグリシステムズ
	○															住友化学工業 (株)
●	●	●	●	●	●	●	●	●	●	●						住友化学工業 (株)
●	●	●	●	●	●	●	●	●	●	●						アリスタライフサイエンス (株)
●	●	●	●	●	●	●	●	●	●	●						アリスタライフサイエンス (株)
																アリスタライフサイエンス (株)
																アグロスター (有)
																(株) キャッツ・アグリシステムズ
										○						
								○								(株) エス・ディー・エスバイオテック
										○						
●	●	●	●	●	●	●	●	●	●	●						アリスタライフサイエンス (株)
○																
	○															
●	●	●	●	●	●	●	●	●	●	●						東海物産 (株)
			○	○		○				○	—	—	—	★	★	(株) ネマテック
			○													アリスタライフサイエンス (株)
	○															
○																トモエ化学工業 (株)

—：害虫の被害または効果が認められない

付録1　殺虫性生物的防除資

種　類	商品名	対象病害虫	野菜類	施設野菜類	施設果樹類	トマト
イサエアヒメコバチ・ハモグリコマユバチ剤	マイネックス	ハモグリバエ類		●		●
	マイネックス91					
イサエアヒメコバチ剤	ヒメコバチDI					
	ヒメトップ					
ハモグリコマユバチ剤	コマユバチDS	マメハモグリバエ				○
オンシツツヤコバチ剤	エンストリップ	コナジラミ類		●		●
	ツヤコバチEF30					
	ツヤトップ	オンシツコナジラミ				○
	ツヤコバチEF					
サバクツヤコバチ剤	エルカール	コナジラミ類				○
コレマンアブラバチ剤	アフィパール	アブラムシ類		●		●
	アブラバチAC					
	コレトップ					
チリカブリダニ剤	スパイデックス	ハダニ類		●	★	●
	カブリダニPP					
	チリトップ	ナミハダニ		●		●
ククメリスカブリダニ剤	ククメリス	アザミウマ類		●		●
	メリトップ					
ナミヒメハナカメムシ剤	オリスター	ミナミ・ミカンキイロアザミウマ				
タイリクヒメハナカメムシ剤	オリスターA	アザミウマ類		●		●
	タイリク					
ショクガタマバエ剤	アフィデント					
ヤマトクサカゲロウ剤	カゲタロウ	アブラムシ類		●		●
ナミテントウ剤	ナミトップ					
スタイナーネマ・カーポカプサエ剤	バイオセーフ	アリモドキゾウムシ, イモゾウムシ				
		ハスモンヨトウ				
スタイナーネマ・グラセライ剤	バイオトピア	コガネムシ類幼虫				
バーティシリウム・レカニ水和剤	バータレック	アブラムシ類		●		●
	マイコタール	コナジラミ類				○
		オンシツコナジラミ				
		ミカンキイロアザミウマ				
ペキロマイセス・フモソロセウス水和剤	プリファード水和剤	コナジラミ類		●		●
パスツーリア・ペネトランス水和剤	パストリア水和剤	ネコブセンチュウ			★	○
ボーベリア・バシアーナ剤	ボタニガードES	コナガ	○			
		コナジラミ類				○
		アザミウマ類				
モナクロスポリウム・フィマトパガム剤	ネマヒトン	サツマイモネコブセンチュウ				○

＊：施設食用作物で使用可能な資材，○：登録のある作物，●：施設野菜類で登録，★：施設果樹類で登録，

177　付　録

期間の目安　　　　　　　　　（『バイオロジカルコントロール2002』根本，1998より作成）

	★コレマンアブラバチ			★ショクガタマバエ			★ヒメハナカメムシ			★ミカンキイロ・ミナミキイロ			クサカゲロウ類			★アブラムシ類			★ゾウムシなどスタイナーネマ		バーティシリウム	★アブラムシ類 バチルス	★灰色かび病など	★軟腐病 エルビニア	ミツバチ	マルハナバチ
	マ	成	残	幼	成	残	幼	成	残	幼	成	残	幼	成	残	幼	成	残	幼	残	胞子	芽胞	菌	残	残
—	—	—		—	—		—	—		—	—		—	—		—	—		—	—	◎		—	8	3
×	×		—	—	×		—	—		×	×		—	56		—	—		◎	0			—	—	14
×	×	84	×	×	84	×	×	84	×	×	84	◎	0		—	—		◎			◎	—	>20
—	—		—	—		×	×	14	—	—		—	—		—	—		—	—			×	—	4
×	×	84	×	×	84	×	×	84	×	×	84		—	—		◎	—		◎			◎	>14	>20
—	—		—	—		—	—		—	—		◎			—	—		◎			—		—	21
—	—		—	—		×	×	14	—	—		—	—		—	—		◎			◎		—	>30
◎	◎	0	◎	◎	0	◎	◎	0	◎	◎	0		—	—		◎	—		◎			—		—	>35
◎	×	7		◎		—	—	7		◎			—	—		—	—		—			—		1	3〜7
◎	△	0	△	△	7	◎	◎	0	△	△	7	◎	0		◎			◎			—		—	1
—	—		—	○		—	△		—	—		—	—		—	—		×			◎		—	3〜5
—	—		—	—		○	○		—	—		—	—		—	—		—	—			—		—	14
◎	◎	—	◎	◎	0	◎	◎	0	◎	◎		7		—	—		△		◎			—		—	—
○	×												—	—		—	—		—	—			—		—	3
◎	◎	0		◎		◎	◎	0		×	×	56		—	—		—	—		◎			◎		7	1
—	×		—	—	28	×	×		—	—	28	◎	0		—	△		—	—			◎		0	20
																									30
																								0	1
																								—	—
—	×		—	—		×	×		—	—		—	—		—	—		—	—			—		—	14
—	◎		—	—		△	×	28	△	×		◎			—	—		◎			—		—	1	2
										◎			—	—		—	—		—	—			—	0	—
◎	◎	0	◎	◎		◎	◎	0	◎	◎	0		—	—		—	—		◎			—		—	1
—	—		—	—		—	—		—	—		—	○	30		—	—		◎			—		—	14
—	—		—	—		×	×		—	△		—	—		—	—		—	—			◎		×	28
—	△	—	◎	×		◎	◎	0	◎	○		7		◎	0		◎			—		—	3〜4	1
						×	×	14																10	9
—	○					◎	◎	0																1	—
																			◎		×		—	4
×	×		—	—		×	×		—	—		×	56		△	—		—	—			—		—	1
—	×		—	—		×	×	14	—	—		—	—		—	—		—	—			—		4	1〜4
◎	◎	0		◎		◎			◎															—	0
—	—		—	—	×	7	—	—		×	×		—	—		—	—		—	—			—		—	4
×	×	—	△	○		×	×		×	×	84	○			◎		◎			—		—	>20

178

付録2 主な生物的防除資材と花粉媒介昆虫への薬剤の影響程度と

薬剤 \ 生物的防除資材 ★対象害虫	★チリカブリダニ			★ハダニ			★ククメリスカブリダニ			★ミカンキイロアザミウマ			★タバコナジラミ ★オンシツコナジラミ オンシツツヤコバチ			★タバコナジラミ ★オンシツコナジラミ サバクツヤコバチ			★タバコナジラミ ★オンシツコナジラミ ハモグリコマユバチ イサエアヒメコバチ			★マメハモグリバエ		
薬剤の影響 *1, *2	卵	幼	残				幼	成	残				蛹	成	残	蛹	成	残				幼	成	残
〔殺虫・殺ダニ剤〕																								
アーデント水	－	－	－	×	×	>21	－	－	－	－	－	－	－	－	－	－	－	－	－	－	－	－	－	－
アクテリック乳	×	×	28	×	×	56	－	－	－	×	×	56	－	－	－	－	－	－	－	×	－	－	－	－
アグロスリン乳	×	×	84	×	×	84	－	－	－	×	×	84	－	－	－	×	×	84	－	×	－	－	－	84
アタブロン乳	◎	◎	0	◎	◎	0	－	－	－	◎	◎	0	－	－	－	－	－	－	－	◎	－	－	－	－
アディオン乳	×	×	84	×	×	84	－	－	－	×	×	84	－	－	－	×	×	84	－	×	－	－	－	84
アドバンテージ水	◎	◎	7	－	－	－	－	－	－	－	－	－	－	－	－	－	－	－	－	－	－	－	－	－
アドマイヤー水	◎	◎	0	－	－	－	－	－	－	◎	◎	0	－	－	－	△	－	35	－	－	－	◎	×	14
アドマイヤー粒	◎	◎	0	－	－	－	－	－	－	◎	◎	30	－	－	－	◎	◎	0	－	－	－	－	－	21
アファーム乳	◎	－	－	－	－	－	－	－	－	◎	◎	6	－	－	21	－	－	－	－	－	－	－	－	－
アプロード水	◎	◎	0	－	－	－	－	－	－	－	－	－	◎	◎	7	◎	◎	0	－	◎	－	－	－	0
アリルメート乳	－	－	－	－	－	－	－	－	－	－	－	－	－	－	－	－	－	－	－	－	－	－	－	－
アルフェート粒	×	×	21	－	－	－	－	－	－	－	－	－	△	△	84	－	－	－	－	－	－	－	－	－
エイカロール乳	×	×	7	×	△	14	－	－	－	◎	◎	0	－	－	－	－	－	－	－	－	－	－	－	－
エビセクト水	－	◎	7	－	－	－	－	－	－	－	－	－	－	△	7	－	－	－	－	◎	－	×	－	－
エンセダン乳	－	－	－	－	－	－	－	－	－	－	－	－	－	－	－	－	－	－	－	－	－	－	－	－
オサダン水	◎	◎	0	◎	◎	0	－	－	－	－	－	－	◎	◎	0	◎	◎	0	－	－	－	◎	◎	0
オマイト水・乳	×	△	0	－	－	－	－	－	－	－	△	－	◎	△	7	－	－	－	－	－	－	△	－	－
オルトラン水	－	－	28	×	×	28	－	－	－	－	－	28	－	－	－	×	×	28	－	－	－	－	－	28
オルトラン粒	－	－	－	－	－	－	－	－	－	－	－	－	－	－	－	－	－	30	－	－	－	－	－	49
オレート液	－	－	－	－	－	－	－	－	－	－	－	－	－	－	－	－	－	－	－	－	－	－	－	－
オンコル粒	◎	◎	－	－	－	－	－	－	－	－	－	－	－	－	－	－	－	－	－	－	－	－	－	－
ガゼット粒	◎	◎	－	－	－	－	－	－	－	－	－	－	－	－	－	－	－	－	－	－	－	－	－	－
ガードサイド粉	◎	◎	0	－	－	－	◎	×	56	－	－	－	－	－	84	－	－	－	－	－	－	－	－	－
カスケード乳	－	－	－	－	－	－	－	－	－	－	－	－	－	－	－	－	－	－	－	－	－	－	－	－
カネマイトF	－	－	－	－	－	－	－	－	－	－	－	－	－	－	－	－	－	－	－	－	－	－	－	－
カーラF	◎	◎	－	－	－	－	－	－	－	◎	◎	－	－	－	－	◎	◎	0	－	－	－	－	－	0
カルホス粉・乳	－	－	－	－	－	－	－	－	－	－	－	－	－	－	－	－	－	－	－	－	－	－	－	49
キルパール液	－	×	－	－	－	－	－	－	－	－	－	－	－	－	－	－	×	－	－	－	－	－	－	－
クロルピクリン	－	－	－	－	－	－	－	－	－	－	－	－	－	－	－	－	－	－	－	－	－	－	－	－
ケルセン乳	△	△	14	－	×	28	－	－	－	◎	◎	14	－	－	－	－	－	－	－	△	－	－	－	－
コテツF	－	－	－	－	－	－	－	－	－	◎	◎	6	－	－	－	－	－	－	－	－	－	－	－	－
コロマイト乳・水	－	－	－	－	－	－	－	－	－	－	－	－	－	－	－	－	－	－	－	－	－	－	－	－
サイハロン乳	－	－	－	－	－	－	－	－	－	－	－	－	－	－	－	－	－	－	－	－	－	－	－	－
サンサイド水・乳	△	×	14	－	－	－	－	－	－	×	×	56	－	－	－	×	×	56	－	－	－	－	－	－
サンマイトF	－	－	－	－	－	－	－	－	－	－	－	－	－	△	21	－	－	－	－	－	－	◎	△	21
ジェットロン液	◎	◎	0	－	－	－	－	－	－	－	－	－	◎	◎	0	－	－	－	－	－	－	－	－	－
ジブロム液	◎	◎	7	－	－	－	－	－	－	－	－	－	－	△	7	－	－	－	－	－	－	－	－	－
ジメトエート乳	×	×	56	×	×	84	－	－	－	×	×	84	－	－	－	－	－	－	－	－	－	－	－	－

コレマンアブラバチ ★アブラムシ類			ショクガタマバエ ★アブラムシ類			ヒメハナカメムシ ★ミカンキイロミナミキイロ			クサカゲロウ類 ★アブラムシ類			スタイナーネマ ★ゾウムシなど		バーティシリウム ★アブラムシ類	バチルス ★灰色かび病など	エルビニア 軟腐病	ミツバチ	マルハナバチ
マ	成	残	幼	成	残	幼	成	残	幼	成	残	幼	残	胞子	芽胞	菌	残	残
−	×	−	−	×	14	◎	◎	0	○	○	7	−	−	−	◎	×	1	2
−	−	−	−	−	−	−	−	−	−	−	−	−	−	−	−	◎	−	2
−	−	−	−	−	−	−	−	−	−	−	−	−	−	−	−	−	−	3〜7
×	×	−	−	△	−	×	×	14	×	×	56	◎	−	×	−	×	−	>30
−	−	−	−	−	×	−	−	−	△	×	−	○	1	×	◎	−	7	>20
×	×	−	−	×	−	○	×	−	×	×	84	○	14	△	−	−	−	>30
×	×	−	×	×	56	×	×	−	×	×	28	○	14	×	−	−	−	30
−	−	−	−	−	−	−	−	−	−	−	−	−	−	−	−	−	−	30
−	−	−	−	−	−	−	−	−	−	−	−	−	−	−	−	−	−	1
−	−	−	−	−	−	○	△	21	−	−	−	◎	0	△	−	−	−	−
−	−	−	−	−	−	◎	◎	0	−	−	−	−	−	−	◎	−	0	1
◎	◎	0	◎	◎	0	◎	◎	0	◎	◎	0	◎	−	−	−	−	−	−
−	−	−	−	−	−	−	−	−	−	−	−	−	−	−	−	−	−	28
−	×	−	−	×	7	△	×	7	×	×	7	◎	0	◎	◎	×	15	>7
−	−	−	−	−	−	−	−	−	−	−	−	−	−	−	−	−	−	28
−	×	−	−	−	−	−	−	−	−	−	−	◎	0	−	−	−	15	−
−	○	−	−	◎	−	◎	◎	−	◎	◎	−	◎	−	−	△	−	3	1
◎	◎	0	◎	◎	0	◎	◎	0	◎	△	−	◎	0	−	−	−	−	−
×	×	84	×	×	84	×	×	84	×	×	84	−	−	−	◎	−	−	30
◎	◎	−	◎	◎	−	×	×	0	◎	◎	−	−	−	−	◎	−	−	1
−	−	−	−	−	−	×	×	>14	−	−	−	−	−	−	◎	−	−	30
◎	◎	0	◎	◎	0	◎	◎	0	◎	◎	0	◎	0	−	◎	−	0	1
×	−	※	−	−	0	−	△	−	−	−	0	−	−	−	−	−	0	−
−	−	−	−	−	−	○	○	−	○	△	−	◎	0	−	−	−	1	−
×	×	84	×	×	84	×	×	84	×	×	84	−	−	−	◎	−	−	14
−	−	−	−	−	−	−	×	−	−	−	−	−	0	×	7	−	−	3
−	−	−	−	−	−	−	−	0	−	−	−	−	−	−	−	−	0	−
◎	◎	0	◎	◎	0	◎	◎	0	◎	◎	0	◎	0	−	−	−	0	0
−	−	−	−	−	−	×	×	14	−	−	−	−	−	−	−	−	7	30
×	×	84	×	×	84	×	×	84	×	×	84	○	1	−	◎	−	−	2
−	−	−	−	−	−	×	×	7	−	−	−	−	−	−	−	−	1	1
−	◎	−	◎	×	7	◎	◎	0	○	○	−	−	−	◎	−	◎	−	2〜3
−	×	−	−	◎	−	−	−	−	−	−	−	◎	−	−	◎	−	−	28
−	−	−	−	−	−	−	−	−	−	−	−	−	−	−	−	−	6	>10
−	−	−	−	−	−	−	−	−	−	−	−	−	−	−	−	−	−	>30
−	−	−	−	◎	−	◎	◎	−	◎	◎	0	◎	0	◎	−	−	−	1

生物的防除資材 ★対象害虫 薬剤 薬剤の影響*1, *2	★ハダニ チリカブリダニ			★ミカンキイロ ミナミキイロ ククメリスカブリダニ			★タバココナジラミ オンシツコナジラミ オンシツツヤコバチ			★タバココナジラミ オンシツコナジラミ サバクツヤコバチ			★マメハモグリバエ ハモグリコマユバチ イサエアヒメコバチ		
	卵	幼	残	幼	成	残	蛹	成	残	蛹	成	残	幼	成	残
除虫菊	◎	×	7	◎	×	7	○	×	3	—	—	—	—	×	7
スカウト F	—	—	—	—	—	—	—	—	—	—	—	—	—	—	—
スピノエース 水	—	◎	—	—	—	—	—	×	42	—	—	—	—	—	—
スプラサイド 水	×	○	21	×	×	56	×	×	56	—	—	—	—	—	—
スミチオン 乳	—	×	—	×	×	56	△	×	56	—	—	—	—	—	—
ダーズバン 水・乳	◎	△	7	×	×	56	○	×	84	—	—	—	×	—	—
ダイアジノン 乳・水	◎	◎	7	◎	×	21	○	×	42	—	—	—	—	—	—
ダイアジノン 粒	—	—	—	—	—	—	—	—	—	—	—	—	—	—	—
ダイシストン 粒	—	—	—	—	—	—	—	—	—	—	—	—	—	—	—
ダニカット 乳	×	×	21	—	×	28	×	×	21	○	○	14	—	—	—
ダニトロン F	—	—	—	—	—	—	—	—	—	—	—	—	—	×	—
チェス 水	◎	◎	0	◎	◎	0	◎	◎	0	◎	◎	0	◎	◎	0
D — D 油	—	—	—	—	—	—	—	—	—	—	—	—	—	—	—
D D V P 乳	◎	×	7	◎	×	7	◎	×	10	—	×	7	—	×	7
ディトラペックス 油	—	—	—	—	—	—	—	—	—	—	—	—	—	—	—
ディプテレックス 乳	×	×	14	×	×	14	—	—	—	—	—	—	—	—	—
テデオン 水・乳	◎	◎	0	—	—	—	◎	◎	7	—	—	—	—	×	0
デ ミ リ ン 水	◎	◎	0	◎	◎	0	—	—	—	—	—	—	—	—	—
テルスター 水	×	×	84	×	×	84	×	×	84	×	×	84	×	×	84
トリガード 水	◎	◎	0	◎	◎	0	◎	◎	0	◎	◎	0	◎	◎	0
トレボン 乳	—	○	—	—	—	—	—	—	—	—	×	35	—	△	21
ニッソラン 水	◎	◎	0	◎	◎	0	◎	◎	0	◎	◎	0	◎	◎	0
ネマトリン 粒	◎	◎	0	—	—	—	—	—	—	—	—	—	×	—	42
粘着くん 液	◎	—	※	◎	◎	※	◎	△	0	◎	△	0	◎	◎	0
ノーモルト 乳	◎	◎	0	◎	◎	0	◎	◎	0	—	—	—	—	—	—
バイスロイド 乳	×	×	84	×	×	84	×	×	84	×	×	84	×	×	84
バイデートL 粒	◎	◎	0	◎	◎	0	◎	◎	0	—	—	—	◎	◎	0
パ ダ ン 溶	—	—	—	—	—	—	—	—	—	—	—	—	—	×	21
バロック F	—	—	—	—	—	—	—	—	—	—	—	—	—	—	—
B T 水	—	—	—	—	—	—	—	—	—	—	—	—	—	—	—
P A P 乳	—	—	—	—	—	—	—	—	—	—	—	—	—	—	—
ビニフェート 乳	×	×	84	×	×	84	×	×	84	×	×	84	×	×	84
ピラニカ 水	—	—	—	—	—	—	—	—	—	—	—	—	◎	◎	—
ピリマー 水	◎	◎	7	◎	△	5	◎	◎	5	—	—	—	—	×	7
ペイオフ 乳	×	×	42	—	—	—	—	—	—	—	—	—	—	—	—
ベストガード 溶	—	×	5	—	—	—	—	△	30	—	—	—	—	—	—
ベストガード 粒	—	—	—	—	—	—	—	—	—	—	○	28	—	—	—
マイコタール 水	◎	◎	0	◎	◎	0	◎	◎	0	◎	◎	0	◎	◎	0
マ シ ン 油	—	△	—	—	—	—	◎	◎	—	—	—	—	—	—	—

コレマンアブラバチ ★アブラムシ類			ショクガタマバエ ★アブラムシ類			ヒメハナカメムシ ★ミカンキイロ ★ミナミキイロ			★アブラムシ類			クサカゲロウ類			スタイナーネマ ★ゾウムシなど		バーティシリウム ★アブラムシ類	バチルス ★灰色かび病など	エルビニア ★軟腐病	ミツバチ	マルハナバチ
マ	成	残	幼	成	残	幼	成	残	幼	成	残	幼	成	残	幼	残	胞子	芽胞	菌	残	残
−	−	−	−	△	−	◎	◎	−	×	◎	−	−	−	−	−	−	−	−	−	1	1
−	−	−	−	◎	−	−	◎	−	−	−	−	−	−	−	−	−	◎	−	−	1	−
−	◎	−	−	◎	−	×	×	−	×	×	−	◎	−	−	−	−	−	◎	◎	1	2〜3
−	−	−	−	−	−	×	−	−	×	−	−	◎	−	−	−	−	−	−	◎	3	2〜3
×	×	84	△	△	14	×	×	−	×	×	−	◎	−	−	◎	◎	△	−	−	15	30
△	△	−	△	×	−	×	×	−	◎	−	−	◎	−	0	◎	◎	−	−	−	−	7
−	×	−	△	×	−	×	×	−	>14	△	×	28	◎	7	×	−	−	−	−	−	3
−	×	−	△	×	−	×	×	−	−	×	−	−	−	−	−	−	◎	−	◎	1	1〜3
−	−	−	−	−	−	−	−	−	−	−	−	−	−	−	−	−	−	−	−	−	4
×	×	−	×	×	−	×	×	−	×	×	−	−	×	−	−	−	−	−	−	−	−
◎	◎	−	△	△	−	−	−	−	◎	0	−	◎	0	−	◎	−	−	−	−	7	3
−	−	−	−	−	−	◎	◎	0	◎	◎	0	◎	◎	−	−	−	−	−	−	−	0
×	×	84	×	×	84	×	×	84	◎	×	84	×	×	84	×	7	−	◎	◎	20	14
−	−	−	◎	−	−	◎	◎	14	◎	◎	−	−	−	−	−	−	−	−	−	−	2
×	×	−	−	−	−	−	−	−	−	−	−	−	−	−	−	−	−	−	−	−	28
×	×	84	×	×	84	◎	×	84	−	−	−	◎	×	84	△	−	◎	◎	×	7	14
−	−	−	−	−	−	◎	◎	−	◎	−	0	−	−	−	−	−	−	−	−	0	0
−	−	−	−	−	−	−	−	−	−	−	−	−	−	−	−	−	−	−	−	−	−
−	−	−	◎	−	−	◎	◎	−	◎	◎	−	◎	−	−	−	0	×	−	−	−	2
−	◎	−	◎	◎	−	◎	◎	−	−	◎	−	◎	−	−	◎	−	◎	×	−	−	1
−	◎	−	◎	◎	0	−	◎	−	◎	◎	−	◎	◎	0	−	−	−	−	−	−	0
◎	◎	−	◎	◎	−	◎	−	0	◎	◎	−	◎	−	0	△	−	◎	−	−	3	0
−	−	−	△	◎	−	−	△	−	−	−	−	−	△	−	−	−	−	−	−	−	0
−	−	−	◎	◎	0	−	−	0	◎	−	−	◎	−	0	−	−	×	×	×	4	0
−	−	−	−	−	−	−	−	−	−	−	−	−	−	−	◎	−	−	◎	−	−	1
−	−	−	−	−	−	−	−	−	−	−	−	−	−	−	−	−	◎	−	−	0	0
◎	◎	0	◎	◎	−	◎	◎	−	◎	◎	−	◎	◎	0	△	−	−	−	−	3	3
−	−	−	−	−	−	−	−	−	−	−	−	−	−	−	−	−	−	−	−	3	0
◎	◎	0	◎	◎	−	◎	◎	−	◎	◎	−	◎	◎	0	−	−	◎	×	−	4	0
−	−	−	−	−	−	−	−	−	−	−	−	−	−	−	−	−	−	◎	−	0	0
◎	◎	0	◎	◎	−	◎	△	−	◎	◎	−	◎	◎	0	◎	−	−	−	−	4	0
−	−	−	−	−	−	−	−	−	−	−	0	−	−	−	−	−	×	◎	−	0	1
◎	◎	0	◎	◎	−	◎	◎	0	◎	◎	−	◎	◎	0	−	−	×	◎	×	−	0
◎	◎	0	◎	◎	0	◎	◎	−	◎	◎	−	◎	◎	0	−	−	◎	×	−	−	0
◎	◎	−	◎	×	−	◎	◎	−	◎	◎	−	◎	◎	0	×	−	−	−	−	−	0

薬剤 / 生物的防除資材★対象害虫	★チリカブリダニ (ハダニ)			★ククメリスカブリダニ (ミカンキイロ/ミナミキイロ)			★オンシツツヤコバチ (タバココナジラミ/オンシツコナジラミ)			★サバクツヤコバチ (タバココナジラミ/オンシツコナジラミ)			★イサエアヒメコバチ (ハモグリコマユバチ/マメハモグリバエ)		
薬剤の影響 *1, *2	卵	幼	残	幼	成	残	蛹	成	残	蛹	成	残	幼	成	残
マ ッ チ 乳	−	◎	0	◎	◎	0	◎	◎	−	◎	◎	0	−	−	−
マ ト リ ッ ク 乳	◎	◎	−	−	−	−	◎	◎	−	−	−	−	−	−	−
マ ブ リ ッ ク 水	×	×	42	×	×	−	◯	×	7	×	×	−	−	×	−
マ ブ リ ッ ク 煙	−	−	−	−	×	−	−	−	−	−	−	−	−	−	−
マ ラ ソ ン 乳	×	×	14	×	×	84	×	×	84	×	×	84	×	×	84
マ リ ッ ク ス 粒	−	×	14	−	×	56	−	×	84	−	−	−	−	−	−
ミクロデナポン 乳	−	×	14	−	×	28	△	△	28	−	−	−	−	×	−
モ ス ピ ラ ン 溶	−	−	−	−	◯	0	−	◯	24	−	−	−	−	△	−
モ ス ピ ラ ン 煙	−	−	−	−	−	−	−	◯	24	−	−	−	−	−	−
ラ ー ビ ン 水	×	×	−	−	−	−	×	×	−	−	−	−	◯	◯	−
モレスタン水2000	×	×	28	◎	△	5	◎	△	5	−	−	−	◎	◎	0
ラ ノ ー 乳	◎	◎	0	−	◎	−	−	◎	1	−	−	−	−	−	−
ラ ン ネ ー ト 水	△	×	28	−	×	56	×	×	70	×	×	70	×	×	84
ル ビ ト ッ ク ス 乳	−	△	−	−	−	−	−	×	84	−	−	−	−	−	−
レ ル ダ ン 乳	◎	◎	0	−	−	−	△	×	84	−	−	−	−	−	−
ロ デ ィ ー 乳	×	×	84	×	×	84	×	×	84	×	×	84	×	×	84
ロ ム ダ ン F	−	◎	0	−	−	−	−	−	−	−	−	−	−	−	−
〔 殺 菌 剤 〕															
ア ミ ス タ ー F	−	−	−	−	−	−	−	−	−	−	−	−	−	−	−
ア リ エ ッ テ ィ 水	◎	◎	0	−	−	−	◎	◎	−	−	−	−	◎	◎	0
アントラコール 水	×	×	7	−	△	−	◎	◎	28	−	−	−	−	−	−
ア ン ビ ル F	◎	◎	0	−	−	−	◎	◎	−	−	−	−	−	−	−
イ オ ウ F	◎	◎	0	−	−	−	◎	◎	3	◎	△	7	−	△	7
イ オ ウ 煙	◎	◎	7	◎	△	7	◎	◎	7	−	−	−	−	−	−
オーソサイド 水	◎	◎	0	−	◎	0	×	×	0	◎	◎	0	−	△	−
カ ラ セ ン 水	−	◎	7	−	−	−	◎	◎	7	−	−	−	−	−	−
カリグリーン 溶	−	−	−	−	−	−	−	−	−	−	−	−	−	−	−
ゲ ッ タ ー 水	−	−	−	−	−	−	−	−	0	−	−	−	−	−	−
サ プ ロ ー ル 乳	◎	◯	0	−	◎	7	−	◎	0	−	◎	0	−	◎	0
サ ン ヨ ー ル 乳	−	−	−	−	−	−	−	−	−	−	−	−	−	−	−
ジマンダイセン 水	◯	◎	0	−	◎	0	−	◎	0	−	−	−	−	◎	−
ス コ ア ー 水	−	−	−	−	−	−	−	−	−	−	−	−	−	◎	−
ス ト ロ ビ ー F	−	−	−	−	−	−	−	◎	−	−	−	−	−	−	−
スミレックス水・煙	◎	◎	0	−	◎	0	−	◎	0	◎	◎	0	◎	◎	0
セ イ ビ ア ー F	−	−	−	−	−	−	−	−	−	−	−	−	−	−	−
ダ イ セ ン 水	−	◎	0	−	−	−	−	−	−	−	−	−	−	◎	−
ダコニール1000F	−	−	−	−	−	−	−	−	−	−	−	−	−	−	−
チ ウ ラ ム 水	◎	◎	0	−	△	−	◎	◎	7	−	◎	7	−	◎	−
チ ル ト 乳	−	◎	−	−	−	−	◎	◎	−	−	−	−	−	◎	0

★コレマンアブラバチ (アブラムシ類)			★ショクガタマバエ (アブラムシ類)			★ヒメハナカメムシ ★ミナミキイロ ★ミカンキイロ			★クサカゲロウ類 (アブラムシ類)			★スタイナーネマ (ゾウムシなど)		★バーティシリウム (アブラムシ類)	★バチルス (灰色かび病など)	★エルビニア (軟腐病)	ミツバチ	マルハナバチ
マ	成	残	幼	成	残	幼	成	残	幼	成	残	幼	残	胞子	芽胞	菌	残	残
-	-	-	-	-	-	-	◎	-	◎	◎	-	◎	0	△	-	×	-	0
-	◎	-	-	-	0	-	◎	-	◎	◎	-	◎	0	-	-	×	0	0
◎	◎	-	-	-	-	◎	◎	-	◎	◎	-	-	-	-	-	×	4	0
◎	◎	0	◎	◎	0	-	-	-	-	-	-	◎	-	-	-	-	0	1
◎	◎	0	0	◎	0	-	-	-	-	-	-	-	-	-	-	-	1	0
◎	◎	0	◎	-	-	◎	◎	-	◎	◎	0	◎	0	×	-	-	4	0
◎	◎	0	◎	-	-	◎	◎	-	◎	◎	-	◎	0	△	-	-	4	0
-	-	-	-	-	-	-	-	-	-	-	-	-	-	-	◎	◎	-	1
◎	◎	◎	◎	-	0	-	-	-	-	-	-	-	-	×	-	-	0	0
-	-	-	-	-	-	-	-	-	-	-	-	-	-	◎	-	-	0	-
-	-	-	-	-	-	-	-	-	-	-	-	-	-	◎	◎	×	-	0
-	◎	-	-	-	-	-	-	-	-	-	-	-	-	◎	◎	-	0	-
-	-	-	-	-	-	◎	◎	0	-	-	-	-	-	-	-	-	-	-
◎	◎	0	◎	-	0	◎	◎	0	-	-	-	◎	-	△	-	-	-	-
-	-	-	-	-	-	-	-	-	-	-	-	-	-	-	-	-	3	-
-	-	-	-	-	-	-	-	-	-	-	-	-	-	-	-	-	4	-
◎	×	-	-	△	-	-	×	-	◎	◎	-	◎	-	×	-	-	-	-
-	-	-	-	-	-	-	-	-	-	-	-	-	-	◎	-	-	-	-
◎	◎	-	△	△	0	△	△	-	-	-	0	◎	-	×	-	-	13	3〜5
◎	◎	-	-	-	-	-	-	-	◎	◎	-	-	-	×	×	×	-	0
-	-	-	-	-	-	◎	◎	0	-	-	-	-	-	-	-	-	-	-
-	-	-	-	-	-	◎	◎	0	-	-	-	-	-	×	-	-	0	0
-	-	-	-	-	-	-	-	-	-	-	-	◎	-	-	-	×	-	-
◎	◎	0	-	-	-	◎	◎	0	-	-	-	◎	-	◎	◎	-	3	0
-	-	-	-	-	-	-	-	-	-	-	-	-	0	-	-	-	4	0
◎	◎	0	◎	◎	0	◎	◎	0	◎	◎	0	◎	-	○	◎	◎	4	0

を与える期間の目安（日）

薬剤 \ 生物的防除資材 ★対象害虫	★ハダニ / チリカブリダニ			★ククメリスカブリダニ / ミカンキイロ / ミナミキイロ			★オンシツツヤコバチ / タバココナジラミ			★オンシツツヤコバチ / タバココナジラミ / サバクツヤコバチ			★マメハモグリバエ / ハモグリコマユバチ / イサエアヒメコバチ		
薬剤の影響 *1, *2	卵	幼	残	幼	成	残	蛹	成	残	蛹	成	残	幼	成	残
デラン水	－	◎	－	－	－	－	◎	◎	0	－	－	－	－	◎	0
銅水	◎	◎	－	－	◎	0	－	－	－	－	◎	0	－	◎	0
トップジンM水	◎	△	21	◎	△	21	◎	◎	0	◎	◎	0	◎	◎	0
トリアジン水	－	－	－	－	－	－	－	－	－	－	－	－	－	－	－
トリフミン水	◎	◎	0	◎	◎	0	◎	◎	0	◎	◎	0	◎	◎	0
トリフミン煙	◎	◎	0	◎	◎	0	◎	◎	0	◎	◎	0	◎	◎	0
バイコラール水	◎	◎	0	◎	◎	0	◎	◎	0	◎	◎	0	◎	◎	0
バイレトン煙	◎	◎	0	◎	◎	0	◎	◎	0	◎	◎	0	◎	◎	0
バシタック水	－	－	－	－	－	－	－	－	－	－	－	－	－	－	－
パスポートF	◎	◎	0	◎	◎	0	◎	◎	0	◎	◎	0	◎	◎	0
ハーモメイト溶															
パンソイル液・粉	◎	◎	0	－	－	－	◎	◎	0	－	－	－	－	－	－
ビスダイセン水															
フルピカF	－	－	－	－	－	－	◎	◎	0	－	－	－	－	－	－
ベフラン															
ベンレート水	◎	△	21	◎	△	21	◎	◎	0	◎	◎	0	◎	◎	0
ポジグロール水	－	－	－	－	－	－	－	－	－	－	－	－	－	－	－
ポリオキシンAL水	－	－	－	－	－	－	◎	◎	0	－	－	－	－	－	－
マンネブ水	◎	◎	0	◎	◎	0	◎	△	－	－	－	－	－	－	－
ミルカーブ灌注	－	－	－	◎	◎	0	－	－	－	－	－	－	－	－	－
モレスタン水3000	×	×	28	－	◎	0	◎	△	5	－	－	－	◎	◎	0
ユーパレン水	◎	◎	0	◎	◎	0	◎	×	7	－	－	－	◎	◎	0
ヨネポン水	－	－	－	－	－	－	－	－	－	－	－	－	－	－	－
ラリー乳・水	◎	◎	0	◎	◎	0	◎	◎	0	◎	◎	0	◎	◎	0
リドミルMZ水	◎	◎	－	◎	◎	－	◎	◎	0	◎	◎	0	◎	◎	0
ルビゲン水	◎	◎	0	◎	◎	0	◎	◎	0	◎	◎	0	◎	◎	0
ロニラン水	－	－	－	－	－	－	－	－	－	－	－	－	－	－	－
ロブラール水・煙	◎	◎	0	◎	◎	0	◎	◎	0	◎	◎	0	◎	◎	0

*1 幼：幼虫への影響，成：成虫への影響，蛹：蛹への影響，マ：マミーへの影響，残：影響
*2 影響の程度（◎：影響少ない；○：やや影響あり；△：影響あり；×：強い影響あり）
各薬剤の使用に当たっては容器に表示されている注意条項を守る

防除資材などの適用表 （2003年3月7日）

ブロッコリー	ブロッコリー	カブ	レタス	非結球レタス	パセリ	パセリ	アサツキ	ワケギ	ネギ	ニンニク	エンドウマメ	サヤエンドウ	サヤエンドウ	ソラマメ	未熟ソラマメ	フジマメ	食用ホウズキ	ダイズ	ダイズ	サンショウ	ソバ	ヒエ	ヤマノイモ	カンショ	カンショ	豆類（種実）	生菌・死菌の別
オオタバコガ	タマナギンウワバ	ハイマダラノメイガ	オオタバコガ	オオタバコガ	キアゲハ	ハスモンヨトウ	シロイチモジヨトウ	シロイチモジヨトウ	シロイチモジヨトウ	ネギコガ	ウリノメイガ	ウリノメイガ	シロイチモジマダラメイガ	シロイチモジマダラメイガ	シロイチモジマダラメイガ	シロイチモジマダラメイガ	ハスモンヨトウ	タバコガ	ハスモンヨトウ	アゲハ類	ハスモンヨトウ	アワノメイガ	ヤマノイモコガ	コガネムシ類幼虫	アリモドキ、イモゾウムシ	ハスモンヨトウ	
			●	●	○	●	●	●	●		○	●	○		○		○	★	○				○			★	生
●		○	●	●				○		○		●										○					生
●			●	●																							死
●			●	●		●	●	●	●	○	○	●	○		●							○					生
●			●	●					●	○	○	○		○			★				○					★	死
●					●	○																					生
●					●																						死
								●																			生
●			●	●			○										○										生
●	○		●	●		●																		○			生
																								○			生
																							○	○			生

に従う

付録3　野菜などに登録のある微生物的

作物名	野菜類								アブラナ科野菜				ウリ科野菜	キュウリ	ノザワナ	キャベツ			ハクサイ	
害虫名	アオムシ	コナガ	ヨトウムシ	オオタバコガ	タマナギンウワバ	ハスモンヨトウ	シロイチモジヨトウ	ウリノメイガ	アオムシ・コナガ	ヨトウムシ	タマナギンウワバ	ハイマダラノメイガ	ウリノメイガ	ウリノメイガ	ヨトウムシ	ヨトウムシ	タマナギンウワバ	アオムシ	コナガ	ヨトウムシ
細菌 ゼンターリ顆粒水和剤	●*	●*	●*	●*	●*	●	●*						○			●	●	○	○	○
エスマルクDF水和剤	●	●	●	●												●	●		●	●
ガードジェット水和剤	●	●				●							●			●		○		
ガードジェットフロアブル	●	●																		
デルフィン顆粒水和剤	●	●	●	●		●							●			●	●		●	●
クオークフロアブル	●	●	●	●									○			●	●			
レピタームフロアブル	●	●	●													●	●			
チェーンアップ顆粒水和剤	●	●	●	●								◆								
トアローフロアブルCT	●	●	●	●									○							
トアロー水和剤CT	●	●	●	●																
セレクトジン水和剤									◆	◆	◆					◆	◆	◆	◆	◆
バシレックス水和剤	●	●	●	●												●	●			
ダイポール水和剤	●	●									◆					●				
フローバックDF水和剤	●	●	●	●		●										●	●		●	
ツービートDF水和剤	●															○	○	●	○	
ブイハンター粒剤																				
糸状菌 ボタニガードES	●																	●		
線虫 バイオセーフ																				
バイオトピア																				

*：ハクサイを除く
○：登録のある作物・害虫，●：野菜類で登録，◆：アブラナ科野菜で登録，★：豆類(種実)で登録
使用に当たっては，パッケージのラベル記載事項（使用時期および使用回数，使用倍率，注意事項等）

付録4　果樹とチャに登録のある微生物的防除資材などの適用表

(2003年3月7日)

微生物の種類	作物名／害虫名	果樹類 ハマキムシ類	果樹類 ケムシ類	果樹類 シャクトリムシ類	果樹類 カミキリムシ類	リンゴ ヒメシロモンドクガ	リンゴ アメリカシロヒトリ	リンゴ ハマキムシ類	カキ カキノヘタムシガ	カキ イラガ類	カキ ハマキムシ類	モモ・オウトウ カミキリムシ類	イチジク ネコブセンチュウ	イチジク イラガ類	ブルーベリー ヒメコガネ幼虫	チャ チャノコカクモンハマキ	チャ チャハマキ	チャ チャノホソガ	チャ ヨモギエダシャク	生菌・死菌の別
細菌製剤	ゼンターリ顆粒水和剤	●									●					○	○		○	生
細菌製剤	エスマルクDF水和剤	●		●							●					○	○			生
細菌製剤	ガードジェット水和剤	●						○		●	●	○		○		●				死
細菌製剤	デルフィン顆粒水和剤	●	●											○						生
細菌製剤	トアロー水和剤CT	●						○												死
細菌製剤	セレクトジン水和剤							○	○	○	○									生
細菌製剤	バシレックス水和剤							○												生
細菌製剤	クオークフロアブル	●									●									生
細菌製剤	ツービートDF															○	○			生
細菌製剤	ファイブスター顆粒水和剤	●	●																	生
細菌製剤	ダイポール水和剤							○	○	○	○					○	○	○	○	生
細菌製剤	パストリア水和剤												○							生
糸状菌製剤	バイオリサカミキリ				●							●								生
線虫製剤	バイオセーフ												○							生
線虫製剤	バイオトピア														○					生

●果樹類として登録
農薬使用基準などについては，パッケージのラベル記載に従う

付録5　コンパニオンプランツ（共栄植物）の例 (AとBを組み合わせる)

病害虫・雑草への作用	有効な組み合わせ (A)	有効な組み合わせ (B)
病害虫・雑草の、圃場内への侵入・定着または繁殖・成生・生存を阻害する	バジル	トマト，アスパラガス
	ミント，タイム，カモマイル，ヒソップ	キャベツ
	ローズマリー	キャベツ，豆類，ニンジン
	セージ	ニンジン，ハクサイ，キャベツ
	タマネギ	イチゴ，トマト，レタス，ホウレンソウ
	チャイブ	キュウリ，ニンジン
	長ネギ	ユウガオ
	ナスタチューム	ジャガイモ，カボチャ，ブロッコリー，キャベツ，ケール，ハツカダイコン
	トマト	キャベツ，ブロッコリー，アスパラガス
	ディル	トウモロコシ，キュウリ，レタス，トマト
	ニンジン	アブラナ科野菜，タマネギ，ネギ，ニラ，ニンニク，トマト，トウガラシ
	ワームウッド（ニガヨモギ）	キャベツ
	マリーゴールド	トマト，ジャガイモ，豆類
	シシトウガラシ	ニラ
	エダマメ	ナス，ピーマン，サトイモ
	つる性エンドウ	ホウレンソウまたはニンジン
	ヘアリーベッチ	果樹（つるがからみつく難あり）
	ルー	果樹
害虫の被害を複数作物に分散する	陸稲	ダイズ
	ムギ	ダイズ
天敵の影響を強める（バンカープランツ）（天敵にエサや住みかを提供したり、天敵を積極的に誘引する）	トウモロコシ	キュウリ，メロン，カボチャ，豆類
	ミント，タイム，カモマイル，ヒソップ	キャベツ
	キャラウェー	フェンネル
	インゲン	セロリ
	チャービル	ニンジン
	シロツメクサ	アブラナ科作物，ナス，ニンジン，トウモロコシ
	カモミール	キャベツ，タマネギ
	ヤロウ（セイヨウノコギリソウ）	境栽植物として利用

除資材適用表 （2003年3月7日）

ツバキ			サザンカ		サクラ		プラタナス	カエデ	シバ					キク	バラ
ドクガ類	チャドクガ	ハスオビエダシャク	ドクガ類	チャドクガ	アメリカシロヒトリ	モンクロシャチホコ	アメリカシロヒトリ	ゴマダラカミキリ	シバオサゾウムシ幼虫	コガネムシ幼虫	シバツトガ	スジキリヨトウ	タマナヤガ	根頭がんしゅ病	根頭がんしゅ病
									○				○		
									○	○					
								○							
											○	○	○		
○			○												
○			○								○	○			
											○	○			
	○						○				○	○			
	○														
	○				○	○	○	○			○	○			
	○				○	○	○	○			○	○	○		
	○				○	○									
	○	○			○	○	○				○	○			
														○	○

付録6　花・植え木対象の生物的防

区分	種別		対象作物	植え木類		キク			バラ	ストック	宿根アスター	宿根カスミソウ
		対象病害虫 商品名		トビモンエダシャク	アメリカシロヒトリ	ハダニ類	オオタバコガ	ハスモンヨトウ	ハダニ類	コナガ	ハスモンヨトウ	シロイチモジヨトウ
殺虫剤	天敵昆虫など		スパイデックス			○			○			
	天敵線虫		バイオセーフ									
			バイオトピア									
	糸状菌		バイオリサ・カミキリ									
	細菌		ゼンターリ顆粒水和剤					○		○		
			エスマルクDF水和剤				○					
			ガードジェット水和剤		○		○			○		
			ターフル水和剤		○							
			デルフィン顆粒水和剤				○					
			トアローフロアブルCT									
			トアロー水和剤CT		○					○		
			セレクトジン水和剤							○		
			バシレックス水和剤	○						○		
			ツービートDF				○					
			レピタームフロアブル					○			○	○
			ダイポール水和剤							○		
殺菌剤			バクテローズ									

微生物的防除資材 (2003年3月7日)

対象病害虫	対象作物										
	果樹類	野菜類	野菜類（常温煙霧）	トマト	ミニトマト	イチゴ	カンショ	ブドウ	イネ	タバコ	キク	バラ
根頭がんしゅ病	○										○	○
灰色かび病		○	○					○				
うどんこ病		○				○						
腰折病									○			
白絹病									○			
ばか苗病									○			
もみ枯細菌病									○			
苗立枯細菌病									○			
軟腐病		○										
つる割病							○					
青枯病・根腐萎凋病	○			○	○							
もみ枯細菌病									○			
苗立枯細菌病									○			
炭疽病，うどんこ病						○						

付録7　病害対象の

種別	種類	商品名
細菌	アグロバクテリウム・ラジオバクター	バクトローズ
	バチルス・ズブチリス	ボトキラー水和剤
	対抗菌	トリコデルマ菌
	トリコデルマ・アトロビリデ	エコホープ
	非病原性エルビニア・カロトボーラ	バイオキーパー水和剤
	非病原性フザリウム・オキシスポラム	マルカライト
	シュードモナス・フルオレセンス	セル苗元気
	シュードモナスCAB・フラバス-02水和剤	モミゲンキ水和剤
糸状菌	タラロマイセス・フラバス	バイオトラスト水和剤

安全使用基準などについてはパッケージのラベル記載に従う

る。殺菌剤の場合は「薬剤耐性」という。

有機合成農薬（organosynthetic agricultural chemicals, organosynthetic pesticide）＝炭素を含んだ合成化合物からなる農薬のこと。戦前よく使われた天然物や無機農薬と区別され，戦後使用されている農薬の主流を占める。

有機リン（系殺虫）剤（organophosphorus insecticide）＝リンを含んだ有機合成殺虫剤でリン酸，ホスホン酸のエステルまたは酸アミド化合物などがある。浸透性や移行性のものが多い。作用機作はコリンエステラーゼ阻害と考えられている。皆殺しタイプの殺虫剤の代表。

予察防除（supervised control）＝監視防除ともいい，防除と当該圃場の病害虫モニタリングを組み合わせた防除手法。欧米では，これを行なうと薬剤散布が半減するといわれている。

＜ラ行＞

リサージェンス（resurgence）＝「誘導多発生」ともいい，殺虫剤の散布前または無散布区と比較して，標的または標的外の害虫の個体群密度が増えてしまう現象のこと。Ripper（1956）は，原因として（A）殺虫剤による有力な天敵の除去，（B）殺虫剤により直接または間接的に害虫の増殖率が上がる，（C）殺虫剤による有力競争種の除去，をあげている。しかし，いずれの場合も殺虫剤抵抗性の発達が重要なポイントである。

鱗翅目害虫＝チョウ目害虫と同義。

（根本　久）

ネオニコチル系殺虫剤（neo-nicotinoid insecticide）＝シナプスのアセチルコリン受容体の機能を阻害すると考えられている。天敵へは悪影響の強いものから，影響が少ないものまでさまざまである。

<ハ行>

バイオロジカルコントロール協議会＝「日本国内における生物的防除に関する技術開発及び技術普及の推進」等を目的に，組織された民間会社が中心の団体。『バイオコントロール』誌の発行（年2回）と研修会を開催している。賛助会員の制度があり個人でも会員になれる。事務局はアリスタ ライフサイエンス（株）アグロフロンティア部内（TEL03-3547-4576）。

バンカープランツ（banker plant）＝コンパニオンプランツの一部であり，天敵にエサや住みかを提供したり，天敵を積極的に誘引するなど，天敵の働きを強める働きがある植物。

半翅目害虫＝カメムシ目害虫と同義。

BT剤（Bacillus thuringiensis preparation）＝昆虫病原細菌（*Bacillus thuringiensis*）を殺虫剤として製剤化したもので，生菌と死菌製剤がある。チョウ目害虫に特異的に効果を示すが天敵への悪影響はほとんどない。コガネムシに効果がある製剤も販売されている。

微生物防除資材（microbial pesticide）＝微生物剤ともいい，微生物殺虫剤，微生物殺菌剤，微生物除草剤など，有害生物防除のための微生物からなる防除資材。

フェロモン（pheromone）**剤**＝製剤化したフェロモンのことで，性フェロモンが代表的であるが，集合フェロモンなども製品化されている。

<マ行>

マクロ生物（macro organism）＝微生物（micro organism）との対語で，捕食者，捕食寄生者（寄生蜂や寄生ハエなど），天敵線虫が含まれる。

マミー＝捕食寄生性者の幼虫が，害虫の体内で成長して繭化した状態。

<ヤ行>

薬剤抵抗性（pesticide resistance）＝殺虫剤に対しては，昆虫の正常な集団の大多数を殺す薬量に対して耐える能力がその系統に発達すること。薬剤を頻繁に使用すると発達しやすい。殺虫剤のほか，除草剤，殺そ剤などの分野で用いられ

脱皮阻害剤（molting deterrent）＝IGR剤の一種で，昆虫などの皮膚をつくっているキチン質の合成を阻害する殺虫剤。

チョウ目（Lepidoptera）**害虫**＝鱗翅目(りんしもく)害虫ともいい，チョウやガの仲間の害虫。加害態の多くは幼虫であるが，吸蛾類のように成虫が加害態の場合もある。

デスペンサー（dispenser）＝徐放性製剤ともいい，フェロモンなどの保持体のことで，予察用フェロモン剤ではゴムキャップやポリエチレンカプセルが，交信かく乱用製剤ではポリエチレンチューブやプラスチックのチップ，積層テープなどが用いられる。

天敵カルテ＝国公立，大学および天敵販売会社などの職員で構成される「天敵カルテ企画幹事会」によって運営されている。ここのサイト（http://www.tenteki.org/）は，各種のサイトとリンクしていて，天敵利用に関する情報を入手したいときには，大変便利である。天敵利用研究会やバイオロジカルコントロール研修会の開催案内もみることができる。

天敵資材（commercial natural enemy products）＝大量増殖され，商業的に販売される製品化された天敵。「天敵農薬」ともいわれ，農薬登録されている。農家が畑周辺で採集して使う天敵は，「特定農薬」とされ，農薬取締法に基づく登録の必要はない。

天敵農薬＝天敵資材と同義。

天敵利用研究会＝「日本国内における生物的防除に関する技術開発及び技術普及の推進」などを目的に組織されていて，栽培者に加えてＪＡ，普及機関，国公立研究所，大学，民間会社などの研究・開発・普及関係者が参加して開かれる大会が，年に１回各県持ち回りで開催される。会員制はとっていない。事務局は埼玉県農林総合研究センター　根本　久（TEL 0480-21-1113）。

土着天敵（indigenous natural enemy）＝ある地域に定着している天敵のことで，この定義では外来であっても，定着していれば土着種ということになる。狭義には，外来でない，ある地域に固有の天敵種のこと。

＜ナ行＞

日本応用動物昆虫学会＝応用昆虫学および応用動物学に関する，広範な分野の進歩・普及をはかる目的で活動している学会。農学，医学，生態学における昆虫および動物学分野の研究成果を扱っていて，天敵やＩＰＭ関連分野も多い。天敵カルテ・ホームページから同会のホームページにリンクしている。

状態が続いて死に至る。即効性であるが，皆殺しタイプの殺虫剤の代表。

混作（mixed cropping）＝2種以上の作物を同一圃場に同時に栽培する作付け方式で，種子は混合して播種されることが多い。混作される作物同士に共栄関係があるものの組み合わせとなる。露地圃場での天敵を温存するためのバンカーにもこの手法が使われる（37頁図2－5参照）。

コンパニオンプランツ（companion plant）＝共栄植物ともいう。病害虫対策の面では，ある種の植物をうまく組み合わせると，病害虫や雑草の被害をなくしたり減らしたりできる相性のよい植物をさす。①害虫の忌避，②害虫を誘引するおとり作物，③体内の毒物質による害虫の殺虫作用や病原菌への殺菌作用，④天敵の定着による害虫の抑制（バンカープランツ），⑤病害や雑草対策の拮抗作用のある植物の利用などがある。

＜サ行＞

生物農薬（biological pesticide、biopesticide）＝有害生物の防除に使われる生物防除資材。FAOの定義では，有害生物を一時的に抑制するための防除資材と定義されていて，主に，微生物防除資材やタマゴコバチなどをさしている。欧米では，天敵資材などのマクロ生物はここに入れていない（第2章26ページの図2－3参照）。

性フェロモン（sex attractant pheromone）**（製）剤**＝製剤化された性フェロモンのことで，予察用と防除用に分かれる。予察用製剤は日本植物防疫協会（TEL 03-3944-1561）で入手可能。防除用には，大量誘殺用製剤と交信かく乱用製剤とがある。海外では，後者が主流。

セミオケミカル（semiochemicals）＝信号化学物質ともいわれ，生物個体間で作用を及ぼす天然の化学物質のこと。

＜タ行＞

大量誘殺法（mass trapping method）＝性フェロモン剤，集合フェロモン剤や各種誘引剤を用いて，標的害虫を大量に誘殺する方法。性フェロモン剤を利用する場合，野外雌が増えるとそれらとの競合が起き，効果が下がる欠点がある。また，複数種の害虫を標的とすることは難しい。ペットボトルを利用した手づくりのペットボトルトラップも利用されているが，誘殺数が市販品と比較して極端に少なく，効果は期待するほど高くない。

用 語 解 説

<ア行>

IGR剤（Insect Growth Regulator）＝「昆虫成長制御剤」のことで，昆虫の脱皮や変態などの成長に影響を及ぼし，正常な成長や発育を阻害することで害虫を防除する殺虫剤。昆虫の行動を制御する性フェロモン剤などは，「昆虫行動制御剤（ＩＢＲ：Insect Behavior Regulator)」として区別される。

おとり作物（trap crops）＝ある害虫に対して誘引作用を示す作物で，害虫のおとりとなったり，対象害虫を集めて防除しやすくする。

<カ行>

カーバメート（系殺虫）剤（carbamate insecticide）＝殺虫活性のあるカラバーマメに含まれる物質から発展した有機合成殺虫剤。作用機作はコリンエステラーゼ阻害と考えられている。NACやメソミル，ベンフラカルブなどがある。皆殺しタイプから選択性まで，天敵への影響はさまざまである。

カメムシ目（Hemiptera）**害虫**＝半翅目害虫ともいう。ヨコバイ亜目（セミ，ウンカ，ヨコバイ，キジラミ，アブラムシ，カイガラムシ，コナジラミ）とカメムシ亜目（カメムシ，トコジラミ，マツモムシ）に分かれる。

間作（intercropping）＝作物の畝間に別の作物を栽培したり，果樹の樹間の空き地に草本植物を配置する手法で，土地の利用度を高める手法であるが，コンパニオンプランツと組み合わせて病害虫の発生を抑制することができる。

監視防除（supervised control）＝予察防除と同義。

交信かく乱剤（mating communication disruptant）＝交信かく乱用製剤のこと。性フェロモン，類縁物質または類似物質，または性フェロモン構成成分などが用いられる。

交信かく乱法（mating communication disruption method）＝交信かく乱剤を圃場に多数設置して性フェロモン成分を放出させ，同一生物間の雌雄のコミュニケーションをかく乱する手法。成分が共通な複数の害虫を標的とすることが可能で，性フェロモンを利用した防除の主流になっている。

合成ピレスロイド（系殺虫）剤（synthetic pyrethroid insecticide）＝除虫菊に含まれる殺虫成分ピレトリンをモデルにした殺虫剤。作用点は神経軸索で，興奮

編者

根本　久（埼玉県農林総合研究センター）

著者（執筆分担）

根本　久（埼玉県農林総合研究センター）……1章，2章1・2・3，露地ナス，キャベツ，ブロッコリー，ネギ，イチゴ，付録，用語解説
多々良明夫（静岡県農業水産部農業振興室）…2章4，カンキツ，チャ
林　英明（広島県立農業技術センター）………雨よけトマト，施設トマト
豊嶋悟郎（長野県野菜花き試験場）……………ハクサイ，レタス
高井幹夫（高知県農業技術センター）…………施設ナス
山下　泉（高知県農業技術センター）…………施設ピーマン
柴尾　学（大阪府立食とみどりの総合技術センター）…施設ブドウ
宮田将秀（宮城県農業・園芸総合研究所）……施設オウトウ
岡崎一博（福島県果樹試験場）…………………リンゴ
伊澤宏毅（鳥取県園芸試験場）…………………ナシ
荒川昭弘（福島県果樹試験場）…………………モモ

天敵利用で農薬半減
―作物別防除の実際―

2003年4月10日　第1刷発行

編著者　根　本　久

発　行　所　社団法人　農山漁村文化協会
郵便番号 107-8668　東京都港区赤坂7丁目6－1
電話　03(3585)1141(代表)　03(3585)1147(編集)
FAX　03(3589)1387　振替　00120(3)144478
URL http://www.ruralnet.or.jp/

ISBN4-540-02266-0　　DTP製作／新制作社
〈検印廃止〉　　　　　印刷・製本／凸版印刷(株)
©2003　　　　　　　　定価はカバーに表示
Printed in Japan
乱丁・落丁本はお取り替えいたします。

農文協の「おもしろ生態とかしこい防ぎ方シリーズ」

ハダニ 井上雅央著
目に見えにくいハダニの生態、被害と作業の関わりを明らかにし効果的防除法を提示。事例豊富。 1330円

コナガ 田中寛著
コナガの生活史と弱点、抵抗性発達のしくみと防ぎ方、さらに防除のアイデアまで全てを紹介。 1330円

コナジラミ 林英明著
オンシツコナジラミ、タバココナジラミの生き残り戦略から天敵利用も含めた防除のポイントまで。 1330円

ミナミキイロアザミウマ 永井一哉著
生態から農薬利用、蒸込みなどの耕種的防除、さらに土着天敵を生かす新しい防除体系を一冊に。 1330円

ミカンキイロアザミウマ 片山晴喜著
花、野菜、果樹につくミナミキイロに瓜二つの新害虫。予防策と薬剤、天敵での総合防除で防ぐ。 1470円

アブラムシ 谷口達雄著
驚異的な繁殖力・ウイルス病媒介・恐るべき薬剤抵抗性など、アブラムシの生態から防除法まで。 1330円

マメハモグリバエ 西東力著
キク、トマト等で被害深刻なエカキムシ。No.1害虫に天敵利用も含めた総合防除で対抗。抵抗性 1470円

果樹カメムシ 堤隆文著
不意に飛来し、加害する難害虫。その発生のメカニズムから飛来時期・量を予測、効率的に防ぐ。 1600円

センチュウ 三枝敏郎著
有害センチュウの弱点、土壌消毒なしで防ぐ方法、被害を予測する観察法など豊富な図解で紹介。 1330円

ウンカ 那波邦彦著
大陸から大旅行でやってくるウンカ。その生態と被害を招くしくみ、新しい防除の着眼点を解説。 1529円

山の畑をサルから守る 井上雅央著
ふだんの農作業、畑の管理を見直してサル被害を防ぐ。おばあちゃんにもできる山の畑の守り方。 1500円

イノシシから畑を守る 江口祐輔著
ヤブを刈り払い、獣道を歩く。柵は高さより奥行きをもたせるなど、捕殺以上に効く新手法を紹介。 1850円

（価格は税込。改定の場合もございます。）